JN098377

水辺の小さな自然再生

人と自然の環を取り戻す

中川大介
Nakagawa Daisuke

農文協

水辺の小さな自然再生

目次

序章

第1章

小さな自然再生との出会い 45

三郎川手づくり魚道ものがたり

第2章 広がる小さな自然再生

第3章 なぜいま小さな自然再生なのか　189

終章

小さな自然再生がひらく未来 225

オホーツク海
網走市
網走湖
オホーツク地方
美幌町
北見市
美幌川
駒生川
福豊川
網走川
屈斜路湖
標津川
根室地方
別海町
根室海峡
根室市
風蓮川
釧路川水系
三郎川
風蓮湖
釧路地方
浜中町
釧路市
太平洋
20km

序章

変貌した故郷の風景

――失われた空間の履歴

巨大な防潮堤

空から見た故郷

眼下の海原は、晩冬の日を照り返して静かに輝いていた。

紺青色（こんじょういろ）の海へと突き出した岬が、櫛の歯のように幾重にも連なり、彼方で墨絵のようにかすんでいる。山塊から急激に海へと落ち込む陸地は複雑に入り組んだ海岸線を描き、無数の入り江に無数の港があった。二つの岬にかき抱かれて、たっぷりと水をたたえた湾のなかで、ワカメやホタテ、カキの養殖いかだが行儀よく列をなす。浅瀬はエメラルド色。降る日差しが、少しずつ和らいできたのだ。

三陸海岸にまた春が来る。

２０２１年2月末。私は北海道新聞社の取材ヘリコプターから、生まれ育った東北地方の三陸海岸を見下ろしていた。上空からこの海と陸を見るのは、２０１１年3月11日の東日本大震災の発生から2日後に取材ヘリで飛んで以来だ。震災から10年を経て、惨憺たる状況だった東北沿岸がどのように変わったか、ルポするため再びヘリに乗ったのだった。

この10年前、陸地を蹂躙した「水」の強大な力を、私は見せつけられた。

海辺や川沿いは見慣れた家並みも道路も消えうせて、海底から巻き上げられた泥に覆われた土地に、白っぽいコンクリート造の建物ばかりが残っていた。無残に打ち砕かれた家屋の残骸が、建物と建物の間をぎっしりと埋めている。海は容赦なく陸地に侵入し、沼地のようになって海岸線が判然としない場所もあった。

故郷の岩手県釜石市平田（へいた）地区も、爆撃でも受けたように海岸線から数百m先まで家並みが消えていた。子どものころの楽しみだったおでんや中華そばの店も、小学校までの通学路もバス停も、防潮堤のすぐ裏手にあった私の実家も跡形もない。学校跡地のグラウンドに避難者らしき人影が見え、傍らには大きな白い文字で「SOS」と、痛切なメッセージが書かれていた。

水の力とはこれほど凄まじいものか。津波常襲地の三陸で生まれ育ち、祖母から昭和三陸大津波の猛威を聞いて育った私の想像をはるかに上回る光景だった［写真1］。

あの衝撃から10年が過ぎて、再び空から見る三陸の風景は大きく変貌していた［写真2］。

海岸線はいたるところ、灰色のコンクリートの巨大な防潮堤で縁取られている。堤は上端から下へ向かって幅が広がってゆき、ほぼ真っすぐに立っていた震災前の防潮堤とは比べものにならないほど大きい。川の河口にはこれまた巨大な水門ができていて、河岸は防潮堤に接続するコンクリートの大きな堤防で覆われている。

写真1（右） 東日本大震災の巨大津波によって陸側数百mまで家並みが打ち砕かれた岩手県釜石市の平田地区。漁港を囲む防潮堤のすぐ陸側に筆者の実家があった（2011年3月、北海道新聞ヘリから）

写真2（左） 東日本大震災の後、岩手県大槌町の大槌湾に設けられた海抜14.5mの防潮堤と水門。東北の津波被災地では巨大な防潮堤が海と陸とを隔てている（2021年2月、北海道新聞ヘリから）

陸に目を転じれば、膨大な量の土砂でかさ上げされた茶色や灰色の土地が真新しい道路で整然と区画され、真新しい家並みが海から離れた場所にできている。道路のルートも建物の配置もすっかり変わり、元の街区の形を思い出せない。

ヘリは岩手県山田町から宮城県気仙沼市まで約70㎞を南下したが、目に映る集落の多くはそのような姿であった。巨大な防潮堤や水門は、強大な水の力の前で身構える人間がまとう「鎧」のように私には見えた。

「安全なまち」

空からの取材と相前後して、私は陸路で三陸海岸をたどった。圧倒的な存在感で空間を占めていたのは、やはり巨大な防潮堤だった。

岩手県陸前高田市高田地区海岸の防潮堤は海抜12・5m、延長約2㎞に及ぶ壮大な構造物だ。同県大槌町や釜石市鵜住居（うのすまい）地区は同14・5m。どれも見上げるような巨大さで、陸と海を隔てている。陸側からは海が見えない。大きな防潮堤の陸側では海風が吹いて来なくなったと、郷里の友人から聞いた。海は、三陸の暮らしから遠のいていた。

復興事業において、防潮堤は岩手、宮城、福島の3県で計約380㎞（原発事故に伴う福島の帰還困難区域は除く）の整備が計画され、2021年までに約330㎞が完成した。このうち、高さ5m以上の防潮堤の総延長は震災前の計165㎞から計293㎞へと、倍ちかくに増えるという。*1

これら防災施設の建設をはじめ、最大で十数mにも及ぶ土地のかさ上げや、区画整理、高台への集落移転、災害公営住宅の建設など、約30兆円に及ぶ巨費が投じられた復旧・復興事業によって、三陸の風景は変わった。1896（明治29）年、そして1933（昭和8）年と、近代に入っても三陸はたびたび大津波に襲われてきたが、ここまでの大規模な地形改変と構造物の建造は初めてだろう。

そのように大きく変わった空間のなかで、三陸の人びとは生きている。

「安全なまち」は、凄まじい被害と痛ましい犠牲に直面した人びとが強く望んだことであった。ただ、莫大な資本と技術をつぎ込んで出来上がった現代の「安全なまち」の姿は、戸惑いを感じさせるものでもある。この10年、たびたび取材をとおして三陸の人びとの声を聞いてきたが、住民たちは堅牢な防災施設に守られる安心感と、「海とともにある暮らし」が遠ざかってしまった喪失感のはざまで揺れ動きながら、懸命に前を向こうとしているように感じられた。

実家のあった釜石市平田地区に立つと、私は時にめまいを覚える。自分の立っている場所がどこかわからなくなるのだ。私の中に刻み込まれている「空間の記憶」と、現実とのギャップを埋めきれない。

平田地区は、釜石湾の一角をなす平田湾に面した漁村集落である。私が育った「下平田（しもへいた）」という海辺のエリアでは震災前、0・3㎢ほどのごく狭い平地に約480世帯が暮らしていた。太平洋に突き出した「鎌崎」という岬の突端に立つ高さ48・5mの「釜石大観音」を望み、ワカメやホタテなどの漁家を中心とした地縁血縁の濃い地域だったが、近年は漁家が減り、勤め人が多く住むようになっていた。

そこへ推定波高（浸水高）9・2mの大津波が襲来したのだ。100戸以上が損壊し、18人が犠牲となった。逃げ遅れた人も、寝たきりで避難の難しい高齢者もいた。「体験知」として津波を知らない移住者が増えていたことも犠牲の背景にあったという。

震災後、実家のあった海辺は災害危険区域として居住できなくなり、そこと海から300mほど離れた居住可能地域とを隔てるかたちで、新しいルートの県道が敷かれた。県道より山側では土地区画整理事業が行なわれ、新たな県道も宅地も数mかさ上げされた。海抜4mだった防潮堤は取り壊され、海抜6・1mの防潮堤が新築された。

現在の宅地のある場所は、震災前と視点の高さがかなり違う。しかも、かつて家だった場所に道路が敷かれている。震災後、訪れるたびに土木工事は進み、風景は変わった。「元の地形がわからなくなっていく。誰がどこに住んでいるかもわからなくなる」と、昔なじみの人びとから聞かされた。

風景が塑造する

ただ、変貌した風景のなかで、変わらぬものがあった。平田地区の西にある板木山（いたぎやま）という山の姿である。故郷に立ち、その山を見上げるとき、自分という人間がこの風景のなかで形づくられてきたと、私は強く感じるのだ。

板木山は海抜477m。北上山地が三陸の海へ落ち込む寸前、わずかな平地を囲んで、周辺の峰々とともに肩をそびやかす。震災後に、津波で無残に破壊された家々の残骸が、その麓で埋め立てられた。その折、私は初めて名を知った。どうということのない山だ。

だが、目を閉じれば、山容は私の脳裏に鮮明に像を結ぶのである。

漁港の桟橋でサバを釣り、素潜りをし、町を見下ろす神社の境内で陣取りに興じ、蝉しぐれの森でカブトムシを捕った子どものころ。中学まで3㎞の道を歩くときも、鈍色の田舎町を出ていくことばかり考えていた高校時代も、私の背後には板木山があった。

私は記憶をたどる。

少年のころ、海辺の家から駆け出して海水浴に行った浜の小石にこもる陽光の熱。沖の岩場で素潜りをして知った海の青の深さと怖さ。岬の先端の岩礁帯を素足で歩くときの痛み。浅瀬のヒトデやイソギンチャクの派手な色彩。防潮堤の上に陸揚げされた養殖施設の浮き球やロープから漂う強烈な磯臭さ。岬の急峻な崖に降り積もるわずかな土壌を根でつかみ、悠然と海上に枝を伸ばす松の木――。

その風景のなかにいるのは、日焼けした浜の人びと、少々荒っぽい友達、そして父母ら家族だった。そうした風景を、板木山が想起させるのだ。

故郷を離れ長い年月を送った後で、震災を機に取材者として故郷と向き合うことになった私は、浜風に問われた気がした。お前は何者か、この土地を知っているのか、この空間で歩みを重ねてきた人びとの思いと、起きた出来事を知っているのか。その空間に新たに刻まれた「大災害」の現実をとらえきれるのか、と。

そして思い知った。自分はこの土地のことをあまりに知らない。歴史も、産業も、政治も。けれど、自分のなかには抜きがたく故郷の風景がある。自分の思考の作法、自然と人間への向き合い方は、板木山が見下ろす故郷の空間のなかで形成された。自分はこの風景によって塑造された人間である、と。

私と同じようにこの空間のなかで人格を形づくり、海山の自然と関係を結びながら、人生のさまざまな経験を重ねてきた人びとが、この地には住んでいる。製鉄や漁業をはじめとする産業の衰退、人口の流出や少子高齢化といった厳しい現実のなかでも、自らを育んだこの風景のなかで生きることを選んだ人びとだ。震災がもたらした困難に耐え、住み続ける彼らに対して、震災後のあまりに大規模な空間の改変、特に「海との遮断」は何をもたらすだろう。

失われた「空間の履歴」

空間の履歴

風景や空間と人間の関係について、哲学者の桑子敏雄さんの著書『環境の哲学―日本の思想を現代に活かす』を手がかりに考えてみたい。著者は日本の中近世の歌人や宗教者、学者の作品や著述から、日本の風土のなかで形成されてきた伝統的な環境思想をくみ取り、それを現代に活かす道を提言している。[*2]

風景とは、ひとりひとりの人間の置かれた位置、つまり身体が位置するところで知覚された空間の姿である（5頁）

「わたし」という存在の身体が置かれた空間で、「わたし」が知覚した空間の姿、それが「風景」だと桑子さんは説く。空間にモノが配置されただけの「景観」とは異なる。「風」すなわち空気の流れや音、においなども含めて、「わたし」という身体がすべての感覚で知覚するものが風景なのだと。

そして、身体が配置される空間には「履歴」がある。

この「空間」は歴史的なできごとによってさまざまな意味づけを与えられている空間である。つまり、空間は歴史性をもつ。空間の歴史性をわたしは「空間の履歴」という概念で表す（21頁）

空間のなかで起きたさまざまなできごとが「空間の履歴」となる。その空間の履歴に、身体をもつ人間が出会うのだ。そして空間に身体を置きながら、それぞれがそれぞれの履歴を形成してゆくのである。空間とは時間を内包しているものなのだ。

「履歴」はもともとひとりひとりの人間の履歴である。わたしの履歴は、わたしがどこで生まれ、どこで教育を受け、どこで働いてきたかというわたしの歴史の記録であるが、それは、あくまで現在のわたしの履歴である。わたしの現在の履歴に、わたしが経験した過去のできごとが書き込まれている（21頁）

空間の履歴との出会いによって、わたしの履歴がつくられる。わたしたちは履歴をもつ空間のうちにあって、自己の履歴を形成するのである。この空間の履歴なしには、自己は存在しない（22頁）

自分に即していえば、私は平田という空間に身体を置き、平田という空間の履歴と出会い、そこで自己の履歴を形成してきた。そのような空間に対して、人はどのような感情を抱くのか。それは「愛着」だと、桑子さんは言うのである。

身体空間は、特定の空間に暮らす地域住民の暮らしに深くかかわっている。ひとびとの空間に対する態度を一言でいうならば、「愛着」であろう。「愛着」とは、たんに空間内の価値あるものに対する主観的な感情ではない。むしろ、その空間で自己の履歴が積まれてきたことに対する蓄積された経験である。人間が自己の履歴、自己の過去、その記憶に対してもつのと同じ感情を、その履歴を積み上げた空間に対してもつのは自然である。思い出とは、その思い出となるできごとが生じた場所の思い出でもある。

自己の履歴と不可分なものとして、ある空間を思い出すとき、その空間への態度が「愛着」である（212―213頁）

憂いと喜びと

平田という空間の履歴を振り返ってみる。

私がここで過ごした1960～1970年代、地区は激しく揺れた。地域を代表する事業所である釜石製鉄所が、鉄を造る際に鉄鉱石から分離した「鉱滓（こうさい）」（のろかす、スラグとも呼ばれる）を、平田湾に海中投棄して埋立地を造成することの是非をめぐって。投棄は1950年代初頭に始まり、鉄が増産された高度経済成長時代にかけて続いた。

その影響が湾内でのノリやカキの養殖に及んでいるとして、平田地区の漁民が反対を表明して立ち上がった。「平田漁民同志会」を結成して、それまで手に取ったこともない水産六法を学び、大学から研究者を招いて埋め立ての影響を調べた。埋め立て地に近いほどカキやホタテに重金属の蓄積量が多いこと、鉱滓から出る硫化物によって漁船のスクリューの腐食が起きていることなどを明らかにし、県から埋め立て工事の改善命令を引き出したのである。*3

だが、埋め立て反対闘争は一方で、平田の住民に深刻な亀裂をもたらした。釜石製鉄所や関連企業で働く者は地区内にも少なくない。専業漁民と、製鉄所関連企業で働く兼業漁民の対立もあった。漁協組合員の資格の妥当性を争う法廷闘争にまで及び、分裂と対立のなかで、地域の人びとの楽しみだった「館山神社例大祭」は1960年ごろから開かれなくなった。

祭りの中止から13年後、平田町内会の役員らは「過去を超えて、地域がまとまろう」と、例大祭の再開へ走り回った。地域の「お祭り男」から例大祭の運営の仕方を聞き取り、曳き舟を出す船頭組合や、神楽（かぐら）、虎舞（とらまい）など郷土芸能の保存会と相談を重ねた。住民は高台にある館山神社に納めた神輿（みこし）のもとに集まり、急な階段を担ぎ下ろした。地域社会は、そうして徐々につながりを取り戻していったのだった。

憂いと喜びとが交錯するそんな「履歴」が、平田という空間に織り込まれている。人びとはこの空間で海山の自然とかかわり、また相互にかかわりを結びながら、「自己の履歴」を形成してきたのである。

私も子ども時代、「平田神楽」の踊り手だった。赤や黄色、水色と色とりどりの着物を着て、太刀を手に、太鼓や笛のおはやしに合わせてくるりくるりと舞う子どもの一人であった。祭りの前には、公民館に集まって若衆から踊りを習った。祭りとなれば、集落の家々を「門付け」して歩いた。それは私が平田という空間で重ねた履歴の一つであった。

桑子敏雄さんは『環境の哲学』でこう書いている。

歴史は履歴から再構成される。歴史とは履歴の由来を語るものである。歴史は過去に属するが、履歴は現在に属している。歴史であり、それはそのひとの配置によって与えられる。ひとの人生の豊かさとは、ひとの履歴の豊かさ解釈があることによって、ひとは豊かな空間での配置をもつ豊かな存在となる（中略）

豊かな空間と豊かな心とは不可分な関係にある（31頁）

たとえ僻村であろうとも、そこに身体を配置された人びとがそれぞれに多くの履歴を刻み、歴史をつくり上げるのならば、そこは彼らにとって「豊かな空間」であり、人びとはその空間にあってこそ「豊かな存在」であることができるのだ。平田の人びとが海を見、神社のある山を見、祭りの踊りを見るとき、彼らはそこに「豊かさ」を感じるのである。

空間の改変

そのような履歴が刻まれた空間が、大津波によって大きく損なわれた。その空間を再生していくのが復興事業である。そうして出来上がった新しいまちにも、住民が自己の履歴を見、愛着をもち続けることができてこそ、人はそこに住み続けるものであるだろう。

はたして復興事業において、このような空間に対する認識が意識されていただろうか。海辺の狭い土地にひしめく家並みの間を通る1本の細い路地にさえ、さまざまな履歴が残り、そこに愛着を抱く人がいたことが。

平田地区では震災の年の秋、住民による復興プロジェクトが立ち上がり、土地のかさ上げや、防潮堤や道路による津波への「多重防御」を軸とするまちづくりのプランをまとめて市に提言した。住民たちは市とやり取りを重ねながら、地域づくりの方向性を定めていった。同様に多くの地域で住民説明会が幾度も開かれ、住民たちは行政機関と真剣な対話を重ねた。

なかには、行政が定めた基準に沿ってかさ上げされる防潮堤の高さをめぐり、激しい議論を呼んだ地域があった。「高すぎる防潮堤は、海とともにある暮らしを損なう」と住民側は主張した。それは、自らが暮らす「豊かな空間」への愛着の発露であったろう。安全の確保は切なる願いだ。それでも一律の基準でなく、地域ごとに暮らし方に沿って空間の在りようを考慮すべきだと住民側は訴えたのだった。

「知事は住民の生命と財産を守るというが、おらたちには防潮堤のない風景が財産だ」。宮城県気仙沼市の「鮪立（しびたち）」という浜で、私は年配の住民からそんな言葉を聞いた。そこでは海抜9・9m、底辺約40mの防潮堤の建設に住民たちが異を唱えていた。[*4]

地域固有の「風景」を「財産」と考える思想が、この地では生きていたのだ。豊かな魚介類だけでなく、海とのかかわりを感じられる風景も、海からもたらされる「恵み」であると、彼らはとらえていた。

やがて住民が年を取り、世代交代すれば、そのような思想も薄れてしまうかもしれない。「なぜ復興財源のある時に高い防潮堤をつくらなかったのか」と、若い世代に責められる時が来るかもしれない。再び津波が来て被害が出れば、損害賠償の訴訟に発展する恐れもある――。行政はそのように考え、基準を一律にあてはめようとするのだろう。

そのような論理に基づいて空間の固有性が損なわれ、画一化されてしまえば、日本の風景はどうなるだろう。

桑子さんは『環境の哲学』で、日本の各地にあった地域固有の「豊かな空間」を画一化、平板化してしまった戦後の巨大土木事業、公共事業、社会資本整備を「一律な価値観によって、中央主導のもと、地方の意見や地域住民の意見が反映されることなく、日本全体が一般的な理論の適用対象となった」と鋭く批判している。

効率や利便性を最高の価値とする思想では、空間の意味がローカルであることを超えて、より普遍性が志向されるために、どのような空間にも類似した意味づけが与えられてしまう。日本列島が同じ価値基準で計られ、その価値を目指して改造されるならば、日本の景観は地域性を消去するような方向で再編されてゆくであろう。これは世界規模でも同様である（110頁）

社会資本の整備は、空間を再編し、そのことによってその空間の意味を変える。そしてまたひとびとの経験を変容する。ひとびとの経験こそ、かれらの人生の内容であるから、その人生の内容すら変容する。したがって、社会資本整備は、空間の再編と人間の価値観の改変に重大な責任を負うことになる（273頁）

災害と復興事業によって変貌した空間で、人びとは「豊かさ」を感じ得るだろうか。

礎石のメッセージ

湾口防乗り越える波

平田という空間に履歴を刻んだ一人に、私の父中川淳（1933年生まれ）がいた。

父は、岬の入り江に張り付いた小集落と市街地を結んで人と物資を運ぶ「巡航船」の船長の子として生まれた。「尾崎丸」という名の祖父の船の内燃機関（いわゆる『焼き玉エンジン』）に興味をもち、長じて中学の技術科の教師となり、釜石の産業の大黒柱である製鉄の技術と歴史を研究して、子どもたちと一緒に「たたら」を使って鉄をつくる学習に励んだ。一方で、前述した製鉄所から出るスラグ（鉱滓）の海中投棄による平田湾の埋め立てに漁民とともに反対し、「平田漁民同志会」の事務局としてふるさとの海を守ろうとした。町内会の役員を務めていたころには、「つながりを取り戻そう」と館山神社例大祭の復活に奔走し、地域の共有施設の営繕に心を砕いた。

その父が、2011年3月11日の大津波で家を失って2度目の冬に書いた手記がある。「立ち止まらせたもの」と題するその文章は、大津波のすさまじさを伝えてあまりある。[*5]

漁協の倉庫も防波堤も軽がる越えた第一波は怒涛になって平田集落の半分を襲い、我が家を屋根を付けたまま湾の中央へ運び出した。二波、三波と連続する津波は埋立地の護岸を洗い、西から巻波になって平田の中心部に雪崩れ込み、家々を押し倒し、飛沫を上げながら海へ引き込んでいくのである。見ている人々の口からは、「あっ」「あっ」と言う叫びしか出て来ない

父は出先で激しい揺れに遭った。自宅のある平田地区へ車で戻る途中、海岸線の山肌をうねる道路の脇の木々の隙間から、どす黒く、異様に膨れ上がった海が見えた。昭和三陸大津波の襲来直後にこの地に生まれ、70年以上暮らした父が見慣れた海とは様相が明らかに違った。ブレーキを踏み、Uターンして高台へとって返した。かつて館長を務めたことのある丘の上の「鉄の歴史館」付近から、避難した人たちとともに目にしたのは、壮絶な光景であった。

渦巻きながら雪崩れ込むような怒涛にただ息をのむだけの二時間ぐらいが過ぎた。底知れない自然のエネルギーに自分たちの小ささを痛感させられた時間であった

釜石湾の入り口には、南北二つの堤と開口部を合わせて延長1960mに及ぶ「釜石港湾口防波堤」（地元では「湾口防」と呼ぶ）がある。最大水深63mの海底に岩石を沈めてマウンドを造り、その上にコンクリート製のケーソンを配置した世界最大水深の海中防波堤である。総事業費は1215億円。コンクリート技術の粋を集めた「近代の防災施設」の象徴である。

この防波堤の建設が始まったのは1978年だった。真っ黒に日焼けした浜の少年たちが素

潜りをして遊んだ浜が埋め立てられ、山から切り出した巨石をダンプで運ぶ道路とトンネル、運搬船の船着き場が造られた。完成は２００９年。建設に実に31年を要したこの巨大構造物を、大津波は軽々と乗り越え、あえなくも損壊させた。再び父の手記。

湾口防波堤は津波に飲み込まれ白い線になったり、黒く姿を現したりしていたが北防波堤が崩れ始め、やがて青出しの太刀が根（岬の先端の小島の名）寄りの南防波堤が一気に内側に倒れ込んだ

船も屋敷も線路も車もあらゆるものをなぎ倒し、引きずり込み、陸地を蹂躙する水の力。押し寄せる巨大な水塊を眼前にした人たちが感じた底知れぬ自然の力への畏怖は、そこに居合わせなかった私たちの想像のはるかに及ばぬ鮮烈なものだったと思う［写真3］。

教えの風化

手記で父は、反省の思いをも率直につづっている。

八十路を目前にして財産の全てを失って暫し呆然としたが「想定外」と称される人知を超えた大災害を経験し、多くのことを学んだ。第一に先人の教えを無視したことへの自省である。約四十年前、やむを得ない事情から家を建てなければならなくなった

写真3　巨大津波で全壊した自宅前の防潮堤の上に立つ父中川淳（2011年3月）

時、「津波が危ない」と周囲が心配したことを知っていながらこの地に家を建てたことである。昭和の津波で家々が流され、畑と水田になっていた所に我が家を建てた。水産加工場が出来、宅地分譲が始まり町が出来た。この街がすべて全壊したのである。「この下に家を建てるな」どこかの津波記念碑に刻まれた碑文である。あれから七十八年、碑文の教えは風化し、碑の下に町が出来、多くの被害を見ることになった

父が書くとおり、漁港をぐるりと取り囲む防潮堤のすぐ前に建てた家に、同じ集落内の借地から私たち一家が移ってきたのは1973年。周囲に家らしき家はなかった。防潮堤の海側は自然海岸で、風呂で窓を開けていると打ち寄せる波の音が聞こえた。

岬に建つ純白の釜石大観音像を遠望するその海辺で、子どもだった私や弟は防潮堤に野球のボールをぶつけて遊んだ。数えきれないほどボールを当てたスポットは20㎝四方ほど、そこだけ白くなった。「津波が来たら、防潮堤はあそこから崩れっぺな」。家族で何度、そう話しただろう（実際には崩れなかった。高さが4ｍと低かったことが幸いしたのだろう）。

そんな言葉がごく普通に交わされる三陸で、津波は「予想された災害」だった。

地震があれば逃げる高台を決めてあった。寝るときには脱いだ服をたたんで枕元に置くようしつけられた。津波への意識は人びとのなかに生きてはいた。しかし、歳月とともに備えは手薄になってゆく。それは土地利用に端的に現われる。父が建てた家の周囲にはやがて水産加工場ができ、集合住宅が建ち、よそから人が移ってきて、岸壁からわずか50ｍほどのエリアにも

人が暮らすのが当たり前の風景になった。ワカメやホタテの養殖漁業が盛んになり、自然海岸は作業性のいいコンクリート護岸に姿を変えた。

父は書く。

産業や町の発展からやむを得ないのではとも思う。昭和の初め六十戸位だった町が八倍の四百八十戸にもなったのだ。さらにこの傾向を後押ししたのは防災に名を借りた土木工事の進展であろう。水際は防潮堤で、湾入り口は湾口防波堤で中世の城郭のように防護されたのである。何時の間にか津波への備えの心が揺らぐことになった。地域全体の防御施設への過信が、この津波の被害をこれ程にしたと言うべきであろう

安寧祈る

その釜石港湾口防波堤の礎石に、父が書いたメッセージが刻まれている。

それを知ったのは震災の年の暮れだった。震災後に創刊された地域紙「復興釜石新聞」に連載したコラムで、父が「凪(なぎ)は無事だろうか」と題して、こう記していた。[*6]

何年前だったか、釜石港湾口防波堤の中央部にケーソンを沈めるとき、銅版に防波堤への願いを込めた言葉を書くように要望された。私は「海に生きる人に、凪を」と書いた。これまでこの海で命を落とした人への鎮魂と、これからこの土地に生きる人の

安寧を祈る心を「凪」という言葉に託した

調べてみると、それは1996年のことだった。この年は1896（明治29）年6月の明治三陸大津波から100年にあたる。そこで、湾口防を建設していた港湾関係者が、湾口防の開口部に「潜堤」として沈設する特殊ケーソンに、津波災害を経験した地元町内会や漁協、学校、工事関係者などから寄せられたメッセージを刻んだ銅板を取り付けることにしたのだ。住民に津波の恐ろしさを再認識してもらい、湾口防が津波被害を食いとめることをともに祈ろう、と。

1996年6月、釜石の地域紙「岩手東海新聞」は「市民の祈り　プレート25枚」の見出しで次のように伝えている。[*7]

津波被害の抑止を目的に建設されている釜石湾口防波堤。明治二十九年六月の三陸大津波からちょうど百年目を迎え、工事を進める運輸省第二港湾建設局・釜石港工事事務所（勝海務所長）と工事業者は市民とともに、たび重なる津波被害の犠牲者を追悼し、同防波堤が被害をくい止める盾となることを祈って「津波メモリアル式典」を二十三日午前、平田埋め立て地の三陸・海の博覧会記念館で開いた。約百五十人が出席し、同防波堤本体（ケーソン）に取り付けられる市民の津波防災への祈りをつづったメモリアル＝記念＝プレート（銅板）二十五枚の除幕、市民のメッセージ発表などが行われた同紙によれば、特殊ケーソンは一辺が10mを超え、重量約830tに及ぶ巨大な立方体である。船の通り道となる開口部（300m）の水深32mのマウンド上に、11基を並べる形で沈設された。このうち10基に、1m四方の銅板をケーソン1基につき2〜5枚取り付けたのだ。銅板には、「太平洋の荒波を固く守りし湾口防波堤／我が街の飛躍と安泰を請い願う」（当時の野田武義釜石市長）といったメッセージが刻まれた。

ここに、当時平田町内会長だった父中川淳は、「海に生きる人に、凪を」と書いたのだった。

海に生きる人に、凪を。

そのメッセージに込められたものを考えてみる。

実は、父は湾口防の築造に対して、潮流の停滞による海洋環境の悪化と漁業への悪影響、さらに湾口防に当たって反射した津波が湾外の地域に大きな被害をもたらすのではないか、といった懸念から、漁民とともに反対していたのだった。しかし、「津波への備え」という大義の下、莫大な予算と年月を費やして湾口防の建設は進められた。それによって「守られる」平田地区の町内会長として、銅板に刻む文章を求められた父には、複雑な思いがあったかもしれない。

そこに「凪を」と書いたのは、防災をめぐる考え方は違えども、この地に暮らす人が共通して願うのは、穏やかな「凪の時」である、との思いからではなかったか。

いかに高度な技術を駆使しようと、私たちは「凪」をつくりだすことはできない。つかの間、天が呼吸を止め、海が声を潜め、降る日差しのなかを磯舟が往く。そんな穏やかな時を、私たちは待つしかない。

あらん限りの知恵と技術を駆使しても、人が容易に制御できぬものがある。三陸をたびたび襲う大津波のように。だからこそ技術を過信することなく、「凪を待つ心」をもちながら、自然の動きをよく知り、自然と折り合って生きてゆく道を探ろう。そのような思いを、湾口防波堤という技術の粋を集めた施設のその足元に、あえて父は刻み込んだのだと私は思う。

凪を得ること

その祈りを海に沈めてから15年。三陸は激しい「時化」の時を迎えた。

1000年に1度の規模とされる東日本大震災の大津波は、父が見ていたように釜石港湾口防波堤も乗り越え、損壊させた。南堤は670mのうち約300m、北堤は990mのうち約120mを残して倒壊し、開口部300mの潜堤はすべて倒壊した。

それでも国土交通省によれば、湾口防は津波の高さを4割、津波の流速を5割低減し、防潮堤を越える時間を6分遅延させる効果があったとされている。[*8] それによって、生存者の13%が避難できたと同省は試算している。

震災後、湾口防の復旧はただちに始まった。大槌や陸前高田に比べて、釜石湾岸の防潮堤が震災後も低く抑えられているのは、この湾口防との「二重の備え」を前提としているからである。

先の「復興釜石新聞」のコラムで、父は湾口防の効果に触れつつ、こう書いている。

湾口防の功罪はちまたにかしましい。「湾防（筆者注：湾口防）で被害が抑えられた」「津波の来るのが遅れた」。一方で、湾防があるからという安心感で命を落とした人もいる。あった方が津波の減衰になったことは論を待たない。自然を人間が制御できるという自然観とは違う、津波の多い三陸らしい自然観があってもいい。あの海の平穏を祈ったプレート「凪」は無事だろうか

湾口防のような堅牢な防災施設には、確かに功罪がある。防潮堤があるから、と安心して住民の避難が遅れ、犠牲を生んだ事例は三陸のあちこちで起きていた。ハードが整うほどに、備えは薄れてしまう。城郭のような防波堤に囲まれて、住民たちは施設を建設する際の想定数値が定める「安全」の度合い以上に、「安心」してしまうかもしれないのだ。

震災後に各地で再建された防潮堤は、明治三陸大津波など、数十年から百数十年に1度程度の津波を想定して高さが決められた。それでも陸前高田や大槌のように非常に巨大なのだが、1000年に1度の東日本大震災レベルの巨大津波は防ぎきれない。津波から命を守るには、海沿いには住まないなどの土地利用の規制とともに、適切な避難が欠かせないのだが。

想定のつかない動きをする自然を完全に制御するのは難しい、技術を過信せず、避難などの備えを確かめながら、自然と折り合う道を探していこう――。「凪」のプレートに込められた

であろうそんなメッセージを、私たちは継承できるだろうか。

国土交通省の釜石港湾事務所によれば、湾口防は南北両堤、開口部の潜堤とも、2018年までにすべて復旧した。倒壊した開口部の特殊ケーソンのうち、船舶の航行に支障のないものはそのまま海中に置かれているという［写真4］。「海に生きる人に、凪を」と書かれたプレートは、今も海底で海の平穏と人びとの安寧を祈り続けているかもしれない。

自然とのかかわりを問い直す

矛盾を受け入れる

釜石港湾口防波堤をはじめ、巨大な防災施設の損壊が示したものとは何か。

震災が突き付けたこの問いを、震災後にいち早く、鋭く指摘した文章に私は出会った。筆者は現代の治水の在り方を問うてきた河川工学者、大熊孝さん（新潟大学名誉教授）。私の知人への私信だったが、お願いして北海道新聞に寄稿していただいた。

掲載は震災翌月の2011年4月。当時の危機感、切迫感がにじみ出ている。[*9]

東日本大震災の発生時、深刻化する被害情報を聞きながら、私は明治以降の近代化の総決算が迫られているように感じた。

写真4　釜石市平田地区の上空から太平洋を望む。写真上部の岬と岬の間が釜石湾の湾口。震災後に再建された釜石湾口防波堤の北堤と南堤が、左右の岬の端付近から突き出ている（2021年2月、北海道新聞ヘリから）

近代化とは何であったのか？　自然を克服と利用の対象としか見ず、技術力で徹底的に収奪する。一方で、人が自然との間で結ぶ関係や、共同体における人同士の絆を前近代的な束縛と捉え、それらからの自由を掲げ、地方住民の犠牲の上に中央集権を強化する。極論するならば、こうした経過こそが近代化であったと言えよう。（中略）
巨大防潮堤や水門による津波対策は打ち破られ、原発は懸念されてきた問題を発生させた。明治以降の近代化のあり方を反省し、どのような社会をつくればいいか考える必要があると痛感する

近代において人がいかに自然の収奪に傾いてきたか。大熊さんは著書『洪水と治水の河川史──水害の制圧から受容へ』[*10]や『技術にも自治がある──治水技術の伝統と近代』[*11]などで問題提起してきた。たとえば新潟、長野両県を流れる信濃川水系では、首都圏への送電を目的に水力発電ダムが多数建設され、下流側で深刻な渇水を招いて生き物たちの生息環境を奪ってきた。自然の「利用」のみが注視され、自然のもつ多様な側面や、多面的な働きが切り捨てられてきたのである。

そして、近代より前の日本の伝統的な治水の思想や技術が、自然の克服や収奪のみを目的とせず、自然と折り合う道を探ってきたことを大熊さんはこれらの著書で指摘し、近著『洪水と水害をとらえなおす──自然観の転換と川との共生』[*12]でもこう述べている。

自然は、困ったことが良いことにつながっているという、矛盾した複雑な構造になっている（中略）日本人は、自然のなかに普段助けてくれる神と、時々災難をもたらす荒ぶる神の両方を見ていなければならなかったのである。それは、災害を一方的に否定することではなく、矛盾した状況を受け入れるということであった（28頁）

強力な土木技術をもたなかった近代より前、人間が自然を制御するうえでできることには限界があった。だが、だからこそ人はそれぞれの地域の自然をよく知り、時に荒ぶる自然を受け流し、被害を抑制する道を追求してきた。川の堤をあえて不連続とし、増水時に越流した氾濫流を、下流で再び川に戻す「霞堤」などがそれである。

ただ、水は深刻な地域対立をも招いた。たとえば、氾濫流をどこで越流させるか。水と共生するということは、絶え間ない対立と利害調整の連続であった。

そうした対立は、近代の幕開けとともに解消されていった。大熊さんの言葉を借りれば、「近代的技術手段と中央集権政府の登場は、自然を大規模に変容させ、その地域的・時間的な枠をも越えて統御することを可能にした[*13]」のである。治水の技術は中央集権政府を頂点とする行政機構が独占的に担うこととなり、自然とかかわる機会の減っていった人びとのなかから、地域の自然の在りように即した治水の技術とともに、「矛盾した状況を受け入れる」という思想が消えていったのだった。

自然との共生

先の北海道新聞への寄稿記事で、大熊さんはこのように続けている。

これからの社会はどうあるべきか?

地域の自然を見つめ直し、どのように自分が「生かされているのか」を意識し、少々不便かもしれないが、自然と共生していく以外に方法はないと考える。その不便さは、地域の人々との新しい人間関係の中で受容するしかない。今のわれわれの生活はあまりにぜいたくであり、継続しようとするならば原発や巨大防潮堤を再建するしかないであろう。

しかし、技術力に依存したハード的防災力は、いくら高めても、それがゆえに安心し切ってしまい、そこを超える自然力に襲われるという悪循環に再び陥る。何度も造り替えられてきた防潮堤の破壊は、それを示している

「自然との共生」とは、よく使われる言葉である。それが決して容易ではないことは、大熊さん自身が『技術にも自治がある』で書いている[*14]。

近代化以前は、川の江浚いも、水防活動も、地域共同体の維持管理にまかされ、人は年に何回も労役を提供しなければならなかった。そのために人は時間的・場所的に拘

束され、自由な産業活動や市場経済活動は妨げられていたのである。この自然からの拘束を解くには、災害を未然に防ぎ、交通網を整備し、移動時間を短縮し、自然と関わり合う煩わしい維持管理を減らす必要があった（82頁）

たとえば水防活動では、川からあふれ出る水に対応するために、住民が総出で土のうをつくり、破堤の恐れのある場所に積み上げ、雨が降れば雨量や流量を見ながら、共同作業で堤を補強せねばならない。そうした仕事は人を土地と共同体に縛り付けるものであった。

中央集権政府が国力の増大を目指して、災害の克服や自然の利用を進めた時代のなかで、住民はそうした「縛り付けるもの」から逃げてきたのだろう。自然とのかかわりも、共同体とのつながりも断ち切りながら、私たちは「自由な個人」として生きてきた。移動の自由、居住の自由、職業選択の自由、余暇の自由――。私自身もそれを享受した一人である。

そのような道をたどってきた私たちが、現代において「自然と共生」することははたして可能か。難しい問いだ。

だが一方で、東日本大震災を契機として、技術力への依存には限界があることも私たちは思い知った。ならば大熊さんが書くように、「地域の人々との新しい人間関係」のなかで、不便さを受容しつつ、自然の「恵み」と「災厄」の双方を受け止め、自然と折り合っていく道を見つけることはできるだろうか。もしそれが可能なら、私は私の身体が置かれた空間のなかで、自然や人びとと関係を結びながら、「履歴」を重ねることができるかもしれない。

大熊さんの言葉が私の心に響いたのは、地域の人びととともに、地域の自然にかかわる、ある経験があったからだ。魚たちの遡上を妨げる川の堰堤に、公共事業によってではなく、住民たちの力で魚道を手づくりするという経験が。

その舞台は、北海道東部の酪農地帯を流れる小さな川。震災の3年前、2008年のことだった。

注

＊1　北海道新聞2021年3月6日朝刊「〈被災地を見つめる〉東日本大震災10年＊防潮堤330キロ　沿岸一変」
＊2　桑子敏雄『環境の哲学—日本の思想を現代に活かす』（1999年、講談社学術文庫）
＊3　中川先生を囲む会実行委員会編『地域・子ども・技術と教育　中川淳実践記録集』（1994年）
＊4　北海道新聞2013年12月27日朝刊「東奔北走　防潮堤　何を守るのか」
＊5　『東日本大震災・津波体験集　〝3・11その時、私は〟　第2集』（釜石・東日本大震災を記録する会など、2013年）
＊6　復興釜石新聞2011年12月10日朝刊「足音　凪は無事だろうか」
＊7　岩手東海新聞1996年6月24日朝刊「市民の祈り、プレート25枚　釜石湾口防波堤」
＊8　『釜石港ご視察説明資料』（国土交通省東北地方整備局釜石港湾事務所、2016年）
＊9　北海道新聞2011年4月4日夕刊「〈震災を考える〉1＊新潟大名誉教授　大熊孝＊ハードの限界＊自然克服より共生を」

＊10　大熊孝『洪水と治水の河川史　水害の制圧から受容へ』（平凡社、1988年）

＊11　大熊孝『ローカルな思想を創る❶　技術にも自治がある　治水技術の伝統と近代』（農山漁村文化協会、2004年）

＊12　大熊孝『洪水と水害をとらえなおす　自然観の転換と川との共生』（農文協プロダクション、2020年）

＊13　前掲『技術にも自治がある』81頁

＊14　前掲『技術にも自治がある』

第1章

小さな自然再生との出会い

――三郎川手づくり魚道ものがたり

緑の回廊づくりから手づくり魚道へ

うねる大地

ゆるやかに起伏を繰り返し、はるか地平線まで広がる牧草地。それを貫く直線道路。散在する河畔林が、川のありかを差し示す。川は牧草地や湿原のほとりをゆるゆると流れ、根室海峡へ流れ出る。

北海道東部、釧路地方の浜中町(はまなかちょう)を訪れた人は、空と大地の広さに圧倒されるだろう［写真1］。風渡る高台から北に目をやれば、牧草地の彼方に雄阿寒、雌阿寒から知床連山へと連なる山並み。夕暮れ、赤く、巨大な没陽と、行き交う雲とが、空のカンバスに陰影豊かな油彩画を描く。

浜中町は面積423㎢、人口約5400人（2023年4月時点）。太平洋に面した沿岸部では、コンブ、ウニ、花咲ガニ、秋サケと水産資源が実に豊富だ。内陸部は根釧台地の原生林を切り

写真1　浜中町の内陸部や周辺は全国屈指の酪農地帯。緑の牧草地が目路の限り広がり、見るものを圧倒する＝2023年6月（浜中町提供）

開いて造成された牧草地。夏も霧に覆われる冷涼な気候を生かして酪農・畜産が営まれている。特に酪農は乳牛の飼養頭数約２万３０００頭、生乳の年間生産量11万ｔと、北海道でも有数の生乳生産地である。

それら海山の幸とともに、ラムサール条約登録湿地の霧多布湿原、太平洋の一大パノラマを望む霧多布岬といった景勝地が観光客を引きつける。霧多布湿原は広さ３１６８ha。春のフクジュソウ、短い夏を彩るワタスゲやエゾカンゾウ、秋の訪れを告げるエゾリンドウと、季節ごとに異なる花々が咲き乱れ、秋にはヨシやスゲが黄金色に輝く。情趣豊かな北海道東部屈指の観光地であり、一帯は「厚岸霧多布昆布森国定公園」に指定されている。

この浜中町の北東部、西円朱別（にしえんしゅべつ）地区に、「三郎川手づくり魚道」と呼ばれる奇妙な構造物がある。

すぐ隣の根室地方の別海町との境界を流れる風蓮（ふうれん）川（がわ）の支流・三郎川にある農業用水と飲用水の取水堰

に、酪農家を中心とする住民が2008年に「手づくり」したものだ。

　魚道などの工作物を川に造るのは通常、川を管理する行政の仕事である。だが、浜中町では「生き物の豊かな川を取り戻したい」と願う酪農家らが、NPO（非営利団体）などと協力し、自ら動いて役場から許可を取り付け、流域の漁業団体の了解を得て、資金を用意し、専門家に設計を依頼して、魚道をつくり、維持してきた。当時は北海道でも、そう例のあることではなかった。

　それは、自然の「環（わ）」を結ぶ作業を通して、人の「環」を結ぶ試みであった。地域の自然と人が関係を結ぶことの意味や、自然とかかわる技術のあるべき姿について、住民とともに胴付き長靴をはいて川に入った私に多くの示唆を与えた取り組みであった。

　なぜ、彼らは川に魚道を手づくりしたのか。まずは、その前段となった「緑の回廊づくり」という酪農家たちの運動の話から始めよう。

　なお、本稿では希少種の淡水魚イトウの生息河川である三郎川の名称を表記する。これまで希少種保護の観点から、この川の手づくり魚道について論文や新聞・書籍などで書く際には河川名を伏せることが多かった。しかし、住民主導による自然再生の物語をリアルに伝え、その意義を読者に理解してもらううえで、流域住民が深い愛着を抱く固有の空間としての「三郎川」の名の表記が欠かせないと考えた。釣りを愛する方々には、手づくり魚道を設置して維持し続ける流域住民の思いを理解いただき、三郎川のイトウ保護への協力をお願いしたい。

一大酪農郷

浜中町の酪農の生産基盤を確立したのは、１９６９〜１９９１年に実施された「国営茶内地区総合農地開発事業」（通称カイパ）であった。事業費２７０億円を投じ、生乳収集や飼料・資材運搬を円滑にする道路の造成・舗装（総延長１７５㎞）、低湿地の水を抜く明渠排水（延長52㎞）、暗渠排水（対象面積２０９９ha）、そして広大な面積の農地造成（６６７１ha）などを行なった巨大事業である。

事業報告の冊子によれば、これをはじめ各種の農地開発事業によって、「カイパ」の施工開始から１９８５年までに町内の牧草地面積は１５３％も増え、乳肉牛の頭数は1万３５７０頭、牛乳生産量は３万８１７１t、農業生産額は47億６８００万円増えたと見積もられている。[*1]

この冊子のなかで、当時の石橋栄紀・浜中町農協組合長（現浜中町農協名誉組合員）は誇らしげに述べている。

今や農村地区の幹線道路はおろか主要な路線は舗装化され、草地化可能な所はほとんど開墾されて緑の沃野となり、これを基盤として乳牛頭数2万頭、生乳生産量8万トンになんなんとする道内でも屈指の一大酪農郷となったのである

浜中町の開拓は明治期に始まり、大正期に１００戸余りが入植して本格化した。だが昭和初期に冷害凶作が続き、太平洋戦争もあって離農が続出、入植者の定着率は３割強にとどまった。

辛苦をなめた酪農家は戦後の「カイパ」に大きな期待を寄せた。

生産基盤の確立と並行して、酪農家各戸では搾乳や牧草の栽培・収穫、肥料散布といった作業の機械化が進んだ。他方、浜中町農協は1981年に設立した「酪農技術センター」において、組合員それぞれの生乳や土壌、飼料の成分を分析して給餌方法や施肥設計、土質改良などに反映させる独自のシステムを構築し、乳質改善に著しい効果を上げた。こうした取り組みが評価されて翌1982年、タカナシ乳業（本社・横浜）が町内に進出。同社が他社と共同で設立したハーゲンダッツジャパン（本社・東京）が製造するアイスクリームの原料に、浜中町を中心とする釧路・根室地域から集荷した生乳からつくった脱脂濃縮乳と生クリームが使われるようになった。

「俺たちは、おいしさで名高いハーゲンダッツアイスクリームの原料を生産している」。それが、浜中の酪農家の誇りである。

浜中町農協はほかにも、新規就農者を育成する研修牧場をいち早く立ち上げ、低コストで自然循環型の放牧酪農を推進するなど、先駆的な取り組みで知られてきた。多くの新規就農者が定着し、なかには乳加工品の製造販売やレストラン経営を手掛ける就農者もいるなど、新しい試みが生まれる素地がある地域なのだ。

「大義」の陰で

この浜中町を含めて北海道東部の釧路・根室地方はかつて、鬱蒼（うっそう）たる原始林に覆われていた。

写真2　浜中町内の風蓮川水系ノコベリベツ川支流に設けられた鋼矢板製の落差工。落差工は農地開発事業で直線化された河川に数多く設けられている＝2012年4月

「カイパ」などの事業はそれを切り開き、河畔ぎりぎりまで牧草地とした。まさに先の石橋組合長の言葉どおり、「草地化可能な所はほとんど開墾され」たのだ。激しく蛇行していた川は直線化されて、流速を落とすため落差工[*2]をいくつも設けた「排水路」に変えられた［写真2］。陸と川の間の「緩衝帯」であり、生き物の生息・移動の空間であった河畔林は大幅に減った。それによって、たくさんの牛を飼うことが可能になった。

現在の北海道農業は、こうした大がかりな自然の改変のうえに成り立っている。改変に程度の差はあれ、生き物の生息空間を人間の生産活動に都合のよいように変える。牧草地帯を訪れる観光客のなかには「自然はいいなあ」と感動する人もいるが、眼前の光景は決して地域本来の「自然」ではない。

牛の数が増えれば、生じる糞尿の量も増える。川べりの木までも切られて牧草地化されてしまったために、野積みになった糞尿や、牧草地の表土が直接、川に流れ込むようになってしまった。浜中町や別海町を流れる風蓮川水系の下流にあるラムサール条約登録湿地の風蓮湖では１９８０〜１９９０年代、水質が悪化してシジミやサクラマスなどの漁が大きな影響を受けたのである。

１９９１年の北海道新聞の記事は、前年の１９９０年、環境庁（現環境省）が発表した水質全国ランキングで海域の部水質全国ワーストワンになった風蓮湖の危機的状況を伝えている。[*3]記事によれば、１９８９年度の調査で風蓮湖の汚濁指標ＣＯＤ（化学的酸素要求量）の平均値は５・９で東京湾の３・９より高かった。１９８１年にワースト2になって以来、毎年のように「ワースト」上位に名を連ねていた。湖に流入する河川の河口付近では夏の暑い日、漁民が「赤ベト」と呼ぶ赤茶けた綿状の物質が湖面に浮かび、ヘドロ状の泥が厚く堆積した。湖の水深は急激に浅くなり、天然シジミは貝殻の色が白色化して資源量が激減していた。

記事で漁業団体の関係者は「後背地の酪農地帯から土砂の流入が続き、土壌中の有機質分などが流れ込む現象は無視できないし、湖に見られる変化とＣＯＤの高さは無縁とはいえない」と農地開発への懸念を示している。

「食料増産」という大義の下、農地開発は戦後日本の重要な課題であった。１９５０年代後半から始まった高度経済成長の下で人びとは経済的な豊かさを手にし、１９５０年に８４００万人だった国内人口は、１９７０年に1億人を超えた。それを支えられるだけの食料が必要だったのである。生乳は子どもの栄養補給などに重要な食料資源だった。

生乳の需要増を背景に進んだ急激な酪農業の規模拡大により、開拓に骨を折ってきた酪農家たちの生活も安定していった。だが半面、自然界のバランスを損なうほど急激に大地や川を改変することの影響を、人は正しく予見できなかったのである。

木を伐りすぎた

農地開発がもたらす環境負荷が顕在化した20世紀終盤以降、畜産廃棄物や土砂の河川流入の防止が叫ばれ、農地と川との「緩衝地帯」となっている河畔の森林の役割が見直されるようになった。こうした流れのなかで、浜中町の酪農家たちが始めた運動、それが「緑の回廊づくり」だった。

耕作に適さない河畔の牧草地に、自分たちで樹木を植える。表土や畜産廃棄物の川への流入の影響を軽減し、さらに川に水生生物の餌となる落ち葉を供給し、冷水を好む北国の魚たちの生息を難しくする川の水温上昇を防ぎ、鳥獣が移動できる「回廊」となる河畔林を回復させようという試みだ。

その出発点は、「俺たちは草地開発で木を伐りすぎた」という酪農家たちの反省だった。運動を提唱したのは、町外からやってきて、「タンチョウとともに生きていける酪農でありたい」と願った1人の酪農家である。

二瓶昭さん。1950年、宮城県白石市生まれ。サラリーマン家庭で育ち、高校を出て東京で2年間、会社勤めをしたが、自然や動物が好きで、20歳のとき、「酪農をしたい」と浜中へ

写真3　浜中町の酪農家による植樹運動「緑の回廊」の提唱者となった二瓶昭さん。「ゴールなき規模拡大」への疑問が出発点だった＝2008年9月

来た。研修先の二瓶牧場で見込まれて婿に入り、後継者になった［写真3］。

「昭和45年（1970年）ごろ、ここに来たときはもっとうっそうと森があったんです」。朴訥とした口調で二瓶さんは述懐する。「ホタルもいた。それが昭和50年（75年）ごろから酪農の規模拡大が進んで、たくさん木が伐られた。自然の豊かさが失われると危機感を感じたのですが、『トラクターが入れるようになる。いいべや』と言われて。それ以上、言えなくて」。

二瓶さんは、ずっと心に疑問を抱いてきた。「そうして開発を進めて、飼育頭数を増やして経営規模を拡大して、酪農家が楽になっただろうか。答えは『ノー』です。このままの酪農では、ゴールが見えない」と。そして、「人にも牛にも自然にも無理のない酪農の在り方」を模索していたのだった。

地元の農業改良普及員から提案されて、二瓶さんは1998年、牧場内に小さな池を「ビオトープ」（動物や植物が恒常的に生息できるように造成、復元された小規模な生息空間）として設けた。翌年4月のある朝、純白の羽も神々しいタンチョウのつがいがそこに舞い降りた。仲むつまじく池で餌を採る彼らは以後5年間、二瓶牧場で営巣したのだった。

緑で「回廊」を

二瓶さんはその年、自らが営農する浜中町茶内第三地区の酪農家の地区組織「茶内第三酪農振興会」（当時25戸）の仲間に牧場内でのビオトープ造りと、牧草栽培に適さない河畔の湿地などへの植樹を呼びかけた。『何言ってんだ』と反対されると思った。でも年配の先輩農家が『おれたちは木を伐りすぎたよな』と言ってくれた。それで畑にならないところや湿地に木を植えよう、となったんです」。

木を伐りすぎた、生き物が少なくなった。そんな思いが、地域で長年酪農を続ける人びとに共有されていたのだ。彼らの記憶には、大規模開発が始まる前の動植物の豊かな大地や川の記憶が残っていた。地区の酪農家たちは地域をくまなく歩き、木が生えているところ、いないところを調べて植生図をつくった。そして湿地や傾斜地など12haを植林地として、浜中町森林組合などの協力を受けて、国と道の事業を使ってダケカンバやヤチダモ、ミズナラ、トドマツを植えた。

折良く2000年には、中山間地域の耕作放棄防止を目指す国の「中山間地域等直接支払制度」が創設された。浜中町農協は２００１年、この制度の交付金を活用して「環境と調和した酪農」を目指そうとスローガンを掲げて、二瓶さんら茶内第三地区の植樹の取り組みを全町に広げることにしたのだった。[*4]

運動に参加する酪農家は、牧草の生育に不向きな川べりなどの牧草地を「回廊」用地として登録して、木を植える。苗木の費用はこの交付金で賄う。浜中町農協が主導して２００１年に町内全域で始まり、２００９年時点で97人、２団体が２０８８haを用地登録していた。

浜中町によれば、農地法では農耕に適した農地に木を植えることはできない。農地の「無断転用」になってしまうからである。だが、登記上は「畑」であっても、現況が農耕に適さない山林や原野と確認できれば、植林は可能だ。浜中町では、農業委員会と町、農協、そして農家がこの点に着目して、牧草栽培に適さない河畔などへの植林に道を開いた。仕組みはこうだ。土地の所有者＝酪農家が「現況証明願」を農業委員会に提出し、農業委員会が調査して「現況は農地でない」と判断すれば、登記上は「畑」のままで植林ができる。

道東地方では、河川の水質汚濁の軽減や、天然記念物シマフクロウをはじめ野生生物の保護を目的に、河畔の民有地を行政が買い取って木を植えるケースは当時あった。それらも道内ではかなり先進的な事例だったが、浜中町のように民有地のままで広範に植林をしている事例は当時、他に類例がなかった。

この時期、国内では１９９９年に「家畜排せつ物の管理の適正化及び利用の促進に関する法律」が施行され、家畜糞尿の野積みや素掘り穴での貯留ができなくなった。一方、浜中町では

2001〜2010年度に「国営環境保全型かんがい排水事業」が実施されて、牛の糞尿を水で希釈し、スラリー（液肥）にして貯留、散布するための設備が多くの酪農家に設けられ、川の流域には汚濁物質の河川流入を防ぐ沈殿池などが造られた。

こうした法規制とハード整備によって水環境への負荷は従前より軽減したとされている。ただ、「人よりも牛が多い」と言われるほど飼養頭数が増えた今、酪農・畜産業が環境に与える影響は格段に大きくなっており、堆肥やスラリーの散布方法や時期、牧草地の耕起の仕方や時期設定など、生産者にはなおも配慮が求められている。

再起動へ

多くの生き物がいることこそ、その場所で生産される生乳の「安全・安心」の証し——。こんな考えのもとで始まった「緑の回廊づくり」だが、やがて停滞してしまう。

登録地は増えたが、「酪農家任せ」の植樹は技術的な未熟さもあって必ずしも成功しなかった。生乳の売買システムのなかでは、植樹など環境保全の取り組みが生産者に経済的なメリットをもたらさないことも大きな要因だった。価格決定の仕組みのなかで、環境保全の取り組みは乳代には反映されず、懸命に取り組んでも手取りは増えない。「生産環境の良しあし」は、生乳の「付加価値」とみなされなかったのだ。

停滞気味の運動を「再起動」し、町内の酪農家にさらに広げようと、2007年、二瓶昭さんを委員長として「緑の回廊推進委員会」が発足した。構成員は酪農家の推進委員と浜中町農協、浜中町。運営は町内の環境団体の特定非営利活動法人（NPO法人）霧多布湿原トラスト（2011年に霧多布湿原ナショナルトラストに名称変更）が担った。

湿原トラストは、1986年に発足した霧多布湿原ファンクラブを母体に、2000年、NPO法人となった。「役に立たない谷地」とみなされ、ゴミ捨て場となっていた霧多布湿原がもつ「価値」に気づき、湿原周辺の民有地を借り上げて保全する運動を始めた［写真4］。やがて全国の個人・法人からの寄付金を原資に、民有地を買い取って守る「ナショナルトラスト方式」による保全活動へと発展させた歴史をもつ団体である。*5

当時の会員（法人・個人）は全国各地に約3000。年間の予算規模約8200万円。人口1万人に満たない町には珍しい事業規模の大きな環境NPOだった。過疎地の町では数少ない「NPO」という市民セクターの存在が、「緑の回廊」運動を三郎川の手づくり魚道へつなげる役割を果たしたのだった。

立ち上がった住民たち

幻の魚イトウ

「三郎川の取水堰、もっと魚が上りやすくなりませんかねえ」

北大大学院環境科学院博士課程の野本和宏さん（現釧路市博物館学芸員、第2章参照）が、浜中町の隣の厚岸町にある北海道新聞厚岸支局に勤めていた私にそう漏らしたのは、2007年の晩秋

写真4　秋の霧多布湿原。短い夏を彩るエゾカンゾウ、ノハナショウブなどの草花が終わると、ヨシやスゲが日差しをあびて黄金色に輝く＝2017年10月（撮影・菅井喜久雄さん）

写真5　日本最大の淡水魚イトウ。川の上下流と海の沿岸域を行き来し、春の産卵期、赤い婚姻色に染まった体で上流へ上る（提供・野本和宏さん）

だった。

野本さんの研究対象は、環境省レッドデータブックで絶滅危惧ⅠB類（ⅠA類ほどではないが、近い将来における野生での絶滅の危険性が高いもの）に指定される日本最大の淡水魚イトウ［写真5］。道東地域を中心に川ごとにイトウの自然繁殖実態を調べて、何が彼らの生存を脅かす要因となっているのかを解き明かそうとしていた。

イトウはサケ科イトウ属の遡河性回遊魚（産卵のために川を遡る回遊魚）だ。成魚の体長は1mを超え、体重は25～45kgに及ぶ。「降海性」（海に降りる性質）をもち、春のわずかな期間にだけ、川の上流域を産卵のために利用し、産卵後に汽水域に降りることを繰り返す生活史を送ると考えられている。

道内ではかつて42水系で生息記録があり、広く分布していたと考えられている。しかし、1960～1980年代を境にして、個体数と生息域が大きく減った。2007年当時、道内で比較的安定した個体群をもつ河川水系は6水系だけ。少数の個体で維持されている「絶滅危惧個体群」の5水系を合わせても11水系にすぎなかった。[*6]

イトウの生息地は勾配のなだらかな湿原河川が多い。大型のダムが造られるような勾配の急な大きな川とはちょっと違う。だが、落差1m前後の落差工など比較的小規模な河川構造物が数多く造られた。これがイトウの生息地を分断し、成長の場である下流域と、繁殖場所のある上流域との往来を困難にする大きな脅威となった。

川を真っすぐにしてしまう「直線化」も大きなダメージとなる。蛇行する河道を真っすぐに固定して、あまり氾濫しないようにして両岸の土地を利用するわけだが、これにより、陸域と水域の境界である氾濫原は失われてしまう。実はそこは、稚魚期のイトウの成育に欠かすことはできない場なのだ。イトウは蛇行の多い区間で、倒木などのカバー（覆い）がそばにあり、礫（小石）の多い淵尻（淵の終わりかけの部分）に産卵するのだが、そうした再生産に重要な環境も、河川の直線化や河畔林の伐採によって悪化してしまう。[*7]

農地開発における河川改修は、簡単にいえば川を真っすぐにして「排水路」にし、河道を固定して、さらに地下水の水位を下げ、農地として利用できる陸域の面積を広げる行為だ。川を真っすぐにすると流速が上がり、大雨が降れば一気に水が流れるため、護岸が崩れたりするリスクが高まる。これを防ぐために、川には流速を落とすための落差工が設けられる。

こうして見れば、イトウが「幻の魚」となってしまったことと、農地開発が密接にかかわっていることが理解できるだろう。

写真6　魚道が設置される前の三郎川取水堰。右岸側の浄水施設とともに「カイパ」の一環で、農業用水と飲用水を取るために造られた＝2008年9月

遡上のハードル

三郎川での調査で、野本さんは浜中町西円朱別地区にある三郎川取水堰がイトウの繁殖適地を分断していることに気づいた。

三郎川は、根室海峡に面した風蓮湖に注ぐ風蓮川の支流だ。浜中町と隣の別海町との町境であり、町が管理する普通河川[*8]である。流程は約10㎞、川幅3～4m。牧草地や自衛隊演習場の傍らをうねうねと蛇行して流れる湿原河川だが、中流域の一部を幅10mほどに拡幅してコンクリートで護岸し、堤長11・4m、堤高1・5mの取水堰を設けてある〔写真6〕。

堰が造られたのは1972年。前述した「カイパ」の事業の一つとして、そばにある浄水場とともに、北海道開発局と浜中町が共同で造ったのである。農業用の雑用水とともに、水不足に直面していた町内に配水される飲み水（上水道用水）として1日に計5562㎥を取水する。完成後、浜中町に管理が移管され、町民は飲用水と農業用水を安定して利用できるようになったのだが、堰は「遡上のハードル」として魚たちの前に立ちふさがった。

2007年11月時点で、堰の上流と下流の水位差は平水時で1mあった。魚道はない。野本さんの調査では、堰の上流部は水深、流速、礫の大きさからみて産卵適地が800㎡以上にわたっているのに、2006年の調査では堰の上流部でイトウの稚魚を確認することができず、2007、2008両年の調査では産卵床が見つからなかった。一方で堰の下流には約700㎡の産卵適地があり、2007、2008年とも産卵床が確認されている。

三郎川にはサクラマスやアメマスといったサケ科魚類、ウキゴリやドジョウなど底生魚類も生息している。野本さんの調査では、堰の下流部ではサクラマス（ヤマメ）やアメマス、スジエビが多数捕獲されるが、上流部ではごく少ない。堰の下流へ移動した生き物が上流に復帰できなければ「生活圏の後退」が起こり、上流の生態系は貧弱になってしまう。

もしその秋、野本さんが直接、浜中町役場に堰の改築を申し入れたとしたら、事態は動かなかったかもしれない。堰と三郎川の管理者は町だが、当時の小泉純一郎政権が進めた「構造改革」による地方交付税の削減で財政悪化にあえぎ、降ってわいたような堰の改良工事の財源などないに等しかった。

そんな状況のなかで、「よし、いっちょやってみるか」と、野本さんの言葉を受け止めて腰を上げたのは、「官」ではなく「民」。地元の酪農家や農協の職員、環境NPOだった。

自分たちの手で

「『緑の回廊』の事業の一つとして、堰の改良に挑戦してみましょうか」

２００７年11月、北大大学院の野本和宏さんの言葉を受けて善後策を相談した私に、こんな提案をしてくれたのは、ＮＰＯ法人霧多布湿原トラストの事業部長兼霧多布湿原センター館長（当時）、河原淳さんだった。「カネと人手は何とかするよう努力してみますよ。簡易につくれる魚道のアイデアを考えてください」。

先に述べたように、「緑の回廊」は、停滞した運動の再起動が課題になっていた。停滞を打開して、自然再生の機運を全町に広げる手がかりを、河原さんも加わる「緑の回廊」推進委員会の関係者は求めていた。魚道づくりが、その「起爆剤」にならないか。河原さんは、そう考えたのだった。

私からこの話を聞いた野本さんは、札幌に住む旧知の河川技術コンサルタント、岩瀬晴夫さんに相談を持ち掛けた。

岩瀬さんは当時、北海道技術コンサルタント（札幌）の川づくり計画室長として、北海道のさまざまな川の改修工事の設計や施工管理に携わっていた。１９８０年代から広がった河川の「近自然工法」「多自然川づくり」に大きな関心を寄せ、多種多様な自然再生のアイデアを実地で試みてきた数少ない「川づくりのプロ」である[*9]。その経歴や考えは第3章で詳述するが、岩瀬さんは野本さんの依頼を快諾し、ボランティアで現地を視察に訪れて、２００７年12月、見たこともないような「魚道」のプランをまとめてくれた。

写真7　岩瀬晴夫さんがつくった三郎川簡易魚道の模型。この「当初案」では三角水制4基を川を横断するように並べ、左岸側2基の下流（手前）側に魚が上れるようスロープ（白い部分）を据える予定だったが、このスロープは取りやめ、2基の接合点に隙間を開けることになった

木枠の中に土のうと丸太を詰めた「三角水制」と呼ぶ一辺約3mの三角柱4基を、堰の下手に川を横断する形で固定する。これによって堰の下流を「せき上げ」してプール（たまり）をつくり、堰の上流とプール部の水位差を50㎝に縮める。三角水制の接合点のうち1カ所は魚が往来できるよう隙間を開けておき、堰にたどり着いた魚はそこを通ってプールへ至り、それから堤を乗り越える。簡易で、安価。重機もコンクリートも使わない。画期的な簡易魚道の案だった〔写真7〕。

魚道と言えば、堰堤の傍らに取り付けた階段状の構造物しか思いつかない私には、あまりに奇抜なデザインに見えた。どのようにしてこれを考えついたのだろう。「現地を見た後に、アイデアを数案、ポンチ絵にしてみて、そのなかで条件――地元参画、現地素材、自分の学習――にあった面白そうな思いつきの構造模型を図にした」のだと、岩瀬さんは私に書き送ってくれた。その「条件」とは下記のようなものだった。

- **地元参画**：どんな立場の人が、どれだけ参画するのか。その人たちの「熱意」の度合いは。時間の経過とともに、彼らの熱意はどのように推移するのか。参加者の広がりはあるのか
- **現地素材**：どのような材料が現地で調達できるのか。不足している材料は何か。許容されるコストに照らし、どこまで現地素材に頼るべきか
- **自分の学習**：自身が経験のなかから身につけた考え方を、どこまで対象化して見ることができるか。従来の枠にとらわれない自由なものの見方ができるか。その視点から、現地の条件に照らして適切な「解」を導くことができるか

川に造る構造物は、水の流れを変化させて周辺の環境に影響を及ぼす。また洪水などで壊れる恐れがあり、継続的な監視や補修が必要だ。公共事業で造るのなら、耐久性などの技術基準が明確に定められ、これを当てはめて設計すれば形状は一定のパターンに収まるだろう[*10]。建設も補修も専門業者が担うから、一定の技術力を前提にデザインすることができる。

けれども、プロではない住民が乏しい資金で施工し、維持管理する構造物を設計するとなれば事情は全く違う。施工現場の河川環境のみならず、それを施工・維持管理する住民集団の状況をも十分に勘案しなくてはならないだろう。定まっていない「解」を、いかに導き出すか。

先の三つの条件は、やがて「水辺の小さな自然再生」と呼ばれるようになる手づくり魚道のような取り組みにおいて、技術者が勘案すべき重要な要素であった。

原風景を

こうして岩瀬さんがまとめた案を基にして、霧多布湿原トラストの河原淳さんは2007年12月、「三郎川環境保全活動事業計画書」をつくった。これがやがて「三郎川プロジェクト」と呼称される取り組みとなった。事業内容は次の三つだ。

①**魚道の設置**：三郎川の取水地の下流に魚道を設置して、現在遡上が妨げられているイトウなどの魚類が三郎川全体を利用できるようにする。

②**協働作業による河川環境保全に関する啓蒙普及活動**：三郎川の河畔に新たに緑の回廊登録地を設け植樹をし、河川環境の保全を進め、三郎川の河川清掃を行なう。これらの活動をボランティアなどの協働作業で行ない、啓蒙普及活動とする。

③**モニタリング調査**：魚道の効果の検証だけではなく、今後のモニタリング調査のための基礎データを収集する。項目は、魚類相、植物相、鳥類相、哺乳類相、昆虫相。

地域の環境を保全する意識を地域に沁み込ませつつ、さまざまな人との「協働」によって具体的な環境再生・保全の行動を起こし、効果を確かめながらアクションを継続する仕組みをつくろうと、河原さんは考えたのである。魚道設置の費用は、企業から湿原トラストへの助成金を充てることでトラスト内の合意を得た。アイデアだけでなく、原資をきちんと用意できたことが、計画の大きな推進力となった。

三重県出身の河原さんは1959年生まれ。北海道江別市の酪農学園大大学院修士課程を修了し、高校教員を経て、札幌のコンサルタント会社に勤務した。哺乳類を中心とする野生生物調査に従事し、やがて独立して仲間と札幌で野生生物の調査会社を興した経験をもつ［写真8］。自然環境調査・保全のノウハウと、NPO的な「協働」のマインドをもつ河原淳さん、川づくりのノウハウをもつ岩瀬晴夫さんをはじめ、さまざまな分野で能力をもつ人材が結集したことが、三郎川プロジェクトを前進させる原動力となったのである。

写真8　三郎川の魚道づくりをコーディネートした河原淳さん。野生生物調査のプロであり、NPO的な「協働」マインドの持ち主だ＝2009年6月

この計画書を、河原さんは2007年末から翌年春にかけて、「緑の回廊」推進委員会へ、そして取水堰の地元の西円朱別地区の自治会に諮った。魚道設置の費用は、湿原トラストで賄う。「緑の回廊」運動のシンボルとして取り組むことはできないか、と。2008年4月に開いた西円朱別地区の酪農家との会合で、河原さんは訴えた。

「川の環境も含めて、地域の原風景を取り戻しましょう。魚道づくりに皆さんと一緒に取り組んで、環境を『元に戻す』一つの事例にしたい」

酪農家たちは戸惑った。「民」の手で、しかもボランティアワークで、魚道設置なんてことができるのか。役所の設置許可も、関係機関の理解や協力も、本当に得られるのか。荷が重いんじゃないか――。

しかし、最終的に、酪農家たちは腰を上げた。

皆が初めから情熱に燃えて取り組んだわけではない。「重荷にならない範囲で」「仕事に差し支えない程度に」といった気持ちは、少なからずあった。

それでも、負担を覚悟しつつも最終的に彼らが「やるべ」と腹を決めたのは、「環境」が、これからの時代を生き抜くうえで重要な要素であるという共通認識があったからだ。生まれ育ったこの地で酪農を続けながら生きていくうえで、子どもや孫の世代に生産と生活の基盤を引き継いでいくうえで、「環境」の再生と保全は欠かせないという漠然とした共通理解があった、と言えるだろう。

2001年から進められてきた「緑の回廊」をはじめとする環境保全活動の広がり、そしてそれに先立ち1980年代から霧多布湿原トラストが息長く進めてきた湿原の保全活動が、こうした酪農民の環境意識の下地を形成してきたと、私は考えている。

河原さんが酪農家や関係者への説明の仕方にひと工夫したことも、彼らをプロジェクトに「乗せる」ことができた一因だった。魚道を手づくりして川の環境を復元するという全体像、つまり「大きな絵」を最初から示すのではなく、河原さんは「これを手伝ってほしい」と具体的に依頼をした。一方でキーマンとなる人は漏らさず巻き込み、無理は求めず、穴の開く部分は誰かが埋められるようにした。

未知の経験やできそうにないことに人はしり込みするものだ。三郎川プロジェクトでは、それぞれが「自分にできそうなこと」を頭に描きながら取り掛かり、結果として参加者が役割を分担し、相互に補完しつつ、プロジェクトが前に進むことになったのだ。

人の環と自然の環

人を結ぶ

魚道設置を中心とする三郎川環境保全活動事業は、まず「緑の回廊」推進委員会で合意され、続いて2008年4月、西円朱別地区の自治会である西円朱別連合会で合意された。西円朱別連合会との会合の席上、「緑の回廊」推進委員会の二瓶昭委員長、そして湿原トラストの河原淳さんから魚道設置の計画を説明された酪農家たちは、「回廊」の運動に対して、こんな意見を口々に語った。

「河畔ぎりぎりまで畑（牧草地）にしたツケが出てきている。緩衝帯を残せば土やなにかが河川に流れ込むことはなかった」

「『回廊づくり』は良いことと思うが、植えっ放しでフォローしていない。専門家と一緒にやることで本当の緑ができてくる。それがわれわれの意識も変えていくだろう」

いずれの声にも、環境保全への意識がにじみ出ている。西円朱別地区の酪農家も1999年から地域が一体となって河畔への植林を行ない、「緑の回廊」に加わっている酪農家もいる。しかも、この地区では酪農家同士の結びつきがひときわ強い。地区内にある西円朱別小学校のそばに公園を造る際も、ワークショップを開いてアイデアを出し合い、共同でログハウス風のトイレやD型ハウスを整備した。その公園で2001年に住民が始めた「サマーフェスティバル」は、地区のコミュニティワークの力量、相互の絆の深さを強く感じさせる。トレーラーを改造したステージの設営、カラオケ大会、バンド演奏会、ビールや焼き鳥の販売。すべて酪農家や西円朱別小学校の教職員たちによる「手づくりイベント」だった。

こうしたコミュニティワークの経験と、環境意識の上に、魚道設置を中心とする「総合的な河川環境再生プロジェクト」を試みてみよう。そんな方向性が関係者の間で合意されていったのである。

そうして始動した「三郎川プロジェクト」の手始めは、2008年5月の植樹だった。三郎川取水堰の上流部の河畔の牧草地を、地権者に「緑の回廊」用地として登録してもらい、「緑

写真9　三郎川プロジェクトの手始めとして行なわれた河畔への植樹。地域の子どもや海外から来たボランティアも参加した＝2008年5月

の回廊」の事業としてボランティアとともにヤチハンノキなどの苗木２５０本を植えた〔写真9〕。周辺の河畔では、西円朱別酪農振興会が１９９９年から、取水堰上流部の環境保全へ植樹を行なっていた。別海町と浜中町、根室市の農漁協、行政などでつくる「風蓮湖流入河川連絡協議会」（後述）も、２００５年に三郎川取水堰に近い別海町側の河畔にミズナラを植えていた。

まだ肌寒い風のなか、石橋栄紀組合長の代理として参加した浜中町農協の高橋勇副参事（当時）は、約70人の参加者を前にこう挨拶した。

「営農拡大のため開墾をしなければならない時代が続き、『少し木を伐りすぎた』という反省のもとに屋敷周辺や河川近くの遊休地に植林をすることの大切さが最近浸透しております。また、浜中町の河川のほとんどが風連湖に注いでいることから、漁業者と共存しつつ営農活動を維持しなければならない時代となっています。

本日の西円朱別地区の取り組みは、まさにその実践です。今後は従来にも増して、町内全体に運動が広がることを期待します。今日植林される木が環境保全の効果を発揮するには10年単位の期間が必要ですが、今後もみなさんと一緒に地道に取り組んでいきたい」

こうして、プロジェクトは地域住民にとどまらず、多様な参加者、賛同者を得てその後も広がりを見せた。それは、非営利の環境団体としてニュートラルな立場からさまざまな企業、団体を「接着」する力をもつ湿原トラストに負うところが大きかった。トラストが長年、地域に根差した活動を通して築いた信頼とともに、「人を結ぶ」ことを通して培ってきた人的ネットワークが、プロジェクトの成功に大いに役立ったと言えるだろう。

合意と連携

2008年7月には、私が運営委員として参加していた団体「北海道淡水魚保護ネットワーク」(すでに解散)が浜中町内で「北海道淡水魚保護フォーラム」を開いた。

北海道淡水魚保護ネットワークは道内外の魚類研究者、ジャーナリストなどで構成し、2001年から道内各地で北海道の河川生態系と在来の魚の現状を科学的なデータに基づいて伝え、その保全について考えるフォーラムを全道各地で開いていた。

フォーラムのテーマにしばしば登場した言葉は、「合意」「復元」「連携」。いずれも環境の保全・再生を進めるうえで重要なキーワードだ。川には、実に多種多様な立場の人たちがかかわっている。流域の住民や事業者、河川管理者、農林業者、漁業者、釣り人――。その合意と連携なしに、河川環境を守り、再生する動きを根付かせることはできない。それは三郎川の魚道設置にも共通することだ。私は三郎川をめぐる住民の動きを後押ししたいと、浜中町でのフォーラムのコーディネーターを引き受けた。

フォーラムのテーマは「川の『豊かさ』再生へ向けて」。魚類や森林について研究する講師3人が、サケ科魚類を介した陸域と海域との物質循環の仕組みや、河畔林の重要性、そしてイトウの生息を脅かす要因などについて最新の研究から得られた知見を解説した。

2日間のフォーラムには酪農家を中心に延べ約70人が参加し、魚や河畔林の専門家との対話をとおして「緑の回廊」運動の意味を再認識した。とりわけ、座学で学んだ話を実感する機会となったのが、三郎川取水堰周辺で行なったエクスカーションであった。

参加者は胴付き長靴をはいて川に入り、川に網を差し入れてアメマスなどの魚やトビケラ、カワゲラといった水生昆虫などを捕らえ、生態について専門家から説明を受けた。驚いたことにイトウの稚魚も1匹、捕獲された。プラスチックケースに入れた体長2㎝足らずの稚魚を見た専門家が「これはイトウですね」と言うと、参加者から「おおっ」と驚きの声が上がった［写真10］。

川で過ごすこと2時間。「大人の川遊びだな」と酪農家たちは笑ったが、橋の上を通り過ぎるばかりだった彼らには、何十年かぶりに川に入った経験が新鮮な感動をもたらした。これを皮切りに、酪農家たちは「つなぎ」姿に胴付き長靴をはいて川へ入るようになった。「よく見

写真10　「北海道淡水魚保護フォーラム in 浜中」のエクスカーションで三郎川に入り、たも網で生き物を探す酪農家ら。「大人の川遊びだな」と笑いあった＝2008年7月

りゃこんなに生き物がいるんだな」と語りながら。「豊かな川」とはどのようなものか。それを取り戻すことは、自分たちや地域の自然にとって何を意味するのか。そうしたことがリアルな手応えをもって彼らの間に少しずつ沁み込んでいったのである。

「手づくり」へ

２００８年８月、浜中町で「三郎川魚道設置委員会」が発足した。

主な構成団体は、酪農家で構成する「緑の回廊」推進委員会と地元の西円朱別連合会・酪農振興会、さらに浜中町農協とＮＰＯ法人霧多布湿原トラストだ。委員長は、「緑の回廊」推進委員会委員長の二瓶昭さん。

メンバーたちは晩の搾乳作業終了後の午後８時から、西円朱別の地区会館で会合を重ねた。札幌から簡易魚道の設計者である岩瀬晴夫さんを招い

写真11　魚道の手づくりへ向けて夜な夜な会合を重ねる酪農家ら住民たち。魚道を設計した岩瀬晴夫さん（左端）から設置の手順を熱心に学んだ＝2008年8月

て魚道の構造や設置の手順について説明を受け、町役場への設置許可の要請、魚道の部材や作業要員の手配、関係機関との調整など、段取りと役割分担を決めて作業や交渉に入ったのである。会合は午前0時ちかくまで及んだ。朝4時ごろから働き始める酪農家には、かなりの負担だが、音を上げる者はいなかった［写真11］。

翌9月。岩瀬さんが作成した魚道の耐久性を示す構造計算書を添えて、「三郎川における魚類相の生息環境の改善」を目的に、河川敷地の占有許可（つまり魚道設置の許可）を申請した設置委員会に対して、河川と堰の管理者である浜中町は「取水堰本体には手を付けない」という条件で許可を出した。

もちろん工法や構造計算を確認したうえで降ろしたのだったが、それにしても住民の手で河川に構造物を造るという他の自治体でもあまり前例のない試みを正面から受け止めるには、町役場にも相応の「勇気」と「度量」が必要だった。

当時、町民課環境政策係長としてこの件を担当した吉家裕明さん（1956年生まれ）は、役場で長く農政を担当し、地元産生乳の価値を高めるうえで、生産性や品質だけを追求することに限界を感じていた。環境保全の取り組みを進めれば、他の生乳産地と差別化できる。そんな思いがあって「緑の回廊づくり」や三郎川の魚道づくりを前向きに受け止めたのだった。

「コンセプトがはっきりしていて、なぜつくるのかという物語が出来上がっていれば、首長も、農家も認めてくれる。そんな確信があって説明に回ったけれど、問題は三郎川の堰が水道水源の取水堰であることだった。役場の水道課から本当に水道水を汚さないかと厳しく問われて、説得に苦労しまして」と吉家さんは苦笑する。

魚道の構造が簡易で自然素材を中心にしたものであり、万が一、破損しても堰や下流に被害を及ぼすリスクが大きくないこととともに、当時の長谷川徳幸町長（故人）が町政の政策の柱として「住民との協働」を掲げ、町内会や湿原トラストなどさまざまな団体との連携を重視していた点も大きかったと言えるだろう。

当時副町長だった松本博前町長（1949年生まれ）は「設置も維持管理も自分たちでやる、と酪農家たちが言明した。その熱意が大きかった」と振り返る。吉家さんは、取水堰を建設した北海道開発局や、三郎川の対岸の別海町、堰近くを走る道路を管理する北海道庁などにも説明して、魚道設置の承諾を得た。

ただ、ハードルはまだあった。それは、プロジェクトの舞台が「川」だからだ。

下流へ説明に

川は時に複数の自治体にまたがって流れ、川に利害をもつ人にはさまざまな立場がある。流域住民、林業者、農家、漁家、発電などの事業者。立場が違えば、川に求めるものも異なる。「飲み水に適した清浄な水を」「農業用にまとまった量の水が要る」「とにかく洪水を防ぐことが第一だ」「水が濁っては水産資源が育たない」――。

川で何かをするうえでは、流域のさまざまな人びとの事情に思いを馳せ、そうした人びととの合意を得て事を進める姿勢が欠かせない。合意と了解なしでは、「良かれ」と思ってしたことも単なる地域エゴに終わってしまいかねない。

風蓮川流域では、そうした「流域連携」の下地があった。農業開発による水質汚濁が問題化した風蓮湖や流入河川の環境改善を目的に、2004年に設立された「風蓮湖流入河川連絡協議会」の存在である。別海町、浜中町や2町の農漁協で構成し、共同で河川流域への植樹やゴミ拾い、湖上視察などを行なっていた（現在は活動休止）。

2008年、道東の短い夏の終わりから初秋にかけて、二瓶昭さん、河原淳さんら魚道設置委員会のメンバーは、この協議会の会長を務める別海町の酪農家、安部政博さんに会って協力を求めた。さらに別海町役場や、同町と根室市の農漁協、サケマスの孵化増殖団体にプロジェクトの趣旨を説明して理解を求めた。「魚のために」「自然を取り戻すために」。酪農業の担い手がそう訴えながら、漁業関係者とじかに対話しているのである。私は感激を禁じえなかった。

施工をする10月は重要な漁業資源であるサケやカラフトマスの遡上期だが、水産関係団体は、重機やコンクリートを使わず、河床の掘り起こしもない簡易な工事だから——と工事を認めてくれた。前述のように風蓮川水系の水環境を注視している水産関係団体が、広い視野から環境修復への理解を示してくれた意味はきわめて大きく、実質上これによって魚道設置への道が開けたのである。多忙な本業の合間を縫って、関係機関に足を運ぶなどした設置委員会の酪農家らの熱意が実ったのだった。

こうして関係機関との協議が整い、魚道設置は2008年10月11〜13日と決まった。前年の晩秋、野本さんから相談を受けて1年足らず。「こんなにとんとん拍子に進むとは」と、二瓶さんも河原さんも、そして私自身も驚いた。実現まで1、2年はかかるだろうと、多くの人が思っていたのである。

それを可能にしたのは、さまざまな人の「環（わ）」だった。

「人の環」こそ

2008年9月下旬、いよいよ魚道設置の作業が始まった。

手始めは土のうづくりだ。酪農家やボランティアが胴付き長靴をはいて三郎川へ入り、取水堰の下流の川底にたまった土砂をスコップでさらって、1600袋をつくった[写真12]。10月後半に入れば、北海道東部の川の水はぐっと冷たくなる。9月下旬の作業開始は、ぎりぎりのタイミングだった。

作業に加わったのは延べ約200人。魚道設置委員会の関係者はもちろん、声かけに応じて

写真12　胴付き長靴をはいて三郎川に入り、土のうをつくる酪農家ら。地域の中学生や教職員、乳業メーカー従業員なども含め多種多様な人びとが土のうづくりに力を貸した＝2008年8月

町内や近隣の中学生、町内にあるタカナシ乳業の北海道工場の社員、道立農業改良普及センターの職員、地元の西円朱別小学校の教職員と、多種多様な人びとが秋の三郎川に入った。国際協力事業団（JICA）の外国人実習生も加わった。実習ツアーのコーディネートを受託していた湿原トラストが、「貧しい国でお金がなくてもできる環境修復の手法」としてプログラムに組み込んだのだ（JICAはその後、完成した三郎川魚道を見学コースに組み込んだ）。

これだけの人の力が結集したおかげで、土のうは見込んだ数より多く出来上がり、河岸に積んでおいて今後使うことになった。主軸を担った酪農家たちの「現場で発揮する力」のパワフルさもあったが、予想以上に人が集まったことが大きかった。環境修復に関心をもつ人は実は少なくないのだ。継続的に参加してもらうのは難しいにしても、段取りと広い呼びかけを通じて、多くの人を活動に巻き込むことは不可能ではない。

一方、二瓶昭さんは酪農作業で培った木工の技術を生かして、三角水制の木枠をつくった。水制の内部に入れる丸太444本は地元産のカラマツを調達した。ほぼ材料代だけに切りつめた工事費は約120万円。全額を湿原トラストが負担したのだが、公共工事でコンクリート製の魚道を設けたなら、工事費は百万円単位だったろう。労賃が除外されていることもあるが、極力、地元にあるものを使って「破格の安さ」を実現したのだ。

10月10日から12日にかけて、作業は大詰めを迎えた。

つくった土のうを堤体の上端に並べ、上流からの水を止める。また堰の下流側をぐるりと土のうで囲って流れを止め、ポンプで水を抜く。はたして、うまく水を遮断して、堰の下流側の水位を施工可能な状態まで下げることができるのか。誰にも確信はない。

そんななかで酪農家たちを発憤させたのは、設計者であり施工を指導する岩瀬晴夫さんの一言だった。

「私が札幌から到着するまでに、堰の下流の水深を5㎝以下に下げておいてください。でも、無理だろうなあ」

「無理だろう？ だったらやってみせてやろうじゃないか」。勢い込んで、酪農家たちは土のうを「フレコンバッグ」と呼ばれる大きな袋に詰め込み、堰の下流側の水流をきっちりと遮断していった［写真13］。水抜き用のポンプは町役場から借りたものだけでは間に合わず、もう1台借り受けたポンプを酪農家の小型クレーンで川へ吊り下ろす。

写真13　三郎川取水堰の堤体上端に土のうを積んで水を止め、下流側も土のうで囲って水を抜く。酪農家とNPO、農協、町役場の職員らが力を合わせ、小型ポンプも持ち込んで下流の水位を5㎝以下に下げた＝2008年10月

徹底的に水を抜き、堰の下流の水位はどんどん下がった。5㎝を切り、河床のコンクリートが顔を出す。「やったぜ」。酪農家たちの顔は誇らしげだ。

札幌から到着した岩瀬さんが三角水制4基を設置する位置を決め、河床のコンクリートに金属製のアンカーボルトを打ち込んだ。そこにネットを敷いて三角水制の木枠を据え、中に丸太を垂直に詰めて固定。さらに、水制の内部に土のうを積み上げ、上から針金入りのネットをかぶせ、底に敷いたネットとの間をロープで締める。左岸側の三角水制2個の間は魚の通り道として約50㎝の隙間を開け、この隙間に河床から土のうを積み上げて、スロープ状にしたうえで上からネットをかぶせて固定した［写真14、写真15］。

すべてが段取りよく進んだわけではない。用意した丸太の長さがふぞろいだった、など小さなハードルは無数にあった。しかし、農作業のなか

写真14　水を抜いた堰の下流側に三角水制4基を据える。三角水制の内部には土のうとともに地場産材の丸太を詰め、上下からネットをかぶせてロープでゆわえた＝2008年10月

写真15　水を含んで重たい土のうを手渡しし、丸太を運び、声をかけ合いながら作業する参加者たち。体験を共有した時間はそれぞれに忘れがたい達成感を残した＝2008年10月

で培われた酪農家の技術が生きた。チェーンソーを操って丸太を切ってそろえる。水抜き用のポンプを小型クレーンで吊り上げて川に下ろす。金槌をふるって木材にかすがいを打ち込む――。個人がもつ「小技術」と、コミュニティワークとしての「中技術」がかみ合った。設置を指導した岩瀬さんは後からそう評した（技術の「小・中」については後述）。

最終日の12日は、隣町の別海町から酪農家や役場職員が11人も手伝いに駆け付けた。日が傾きかけたころ、三角水制の設置は終わり、流れをせき止めていた堰堤上の土のうが除かれた。水が勢いよく流れ下り、堰の下流に見事なプールができた［写真16］。堰本体とプール部の水位差は50㎝前後と、従来の半分に縮まった。拍手と、歓声と、笑顔。当時の三膳時子・霧多布湿原トラスト理事長（1957年生まれ）が「本当にみんなが一つになった」と振り返る一体感が、その場にいた全員に共有されていた［写真17］。

「完成は、多くの人の力のおかげです。町内や風蓮川流域の人たちとたくさんの絆が生まれた。『人の環』こそ財産です」。魚道設置委員長の二瓶さんが、感慨深げに漏らした。

技術の自治

2008年11月、西円朱別の地区会館で魚道の完成を祝う会が開かれた。苦労話を語り合うなかで、西円朱別地区の酪農家、小椋守さん（1949年生まれ）は、しみじみと言った。

「人とのかかわりが大事だなと、59年生きてきて、こんなに感じたのは初めてだ。皆が手を携え、何かを進められる手ごたえを得た」

私は、胸が熱くなった。

思えば魚道設置のプロセスは、「住民自治」を取り戻すことでもあった。

近代に入る以前、利水や治水において、流域住民の役割は今とは比べものにならないくらい大きかった。中央政府の成立とともに、それは行政が引き受けることとなっていった。時に氾濫して生命や財産を危うくし、利用をめぐっていさかいの種にもなる「水」の制御を地域共同体が担うのは、荷の重いことだ。だが、それを行政に任せた結果、川と流域の人びとのかかわりは、あまりにも薄くなってしまった。

序章で寄稿記事を引用した新潟大学名誉教授の大熊孝さんが、著書『技術にも自治がある——治水技術の伝統と近代』で興味深い考察をしている。治水をはじめとする技術に、三つの段階があるというのである。[*11]

一つ目は「私的段階」だ。「洪水氾濫から自分自身と家族の生命や財産を守るために私的に行われる段階の技術」のことで、大熊さんは「小技術」と称している。氾濫洪水に備えて高床式の「水屋」をつくっておく、避難用の舟を用意するなど世帯ごとの取り組みがそれに当たる。

二つ目は「共同体的段階」。「洪水氾濫から地域・仲間をどう守るかという立場からの対応であり、地域住民の協力のうえに成り立つもの」で、「中技術」と呼ぶ。住民による水防活動、水害防備林の整備などのことである。それは「住民が担い手であるがゆえに、自然の地域的・時間的変動に応じて他地域との間に矛盾が生じ、地域間対立を引き起こすこと」があったのだが、それを解決する方法として、江戸時代には「見試し」という方法がよく行なわれていたと

写真16（右）　三角水制を据えた後、堤体上の土のうを取り除いて通水する。堰の下流に見事にプールができ、堰本体とプール部の水位差は50㎝前後に縮まった＝2008年10月

写真17（左）　北海道浜中町の三郎川取水堰に手づくり魚道を完成させ、皆で万歳して祝う酪農家をはじめとする住民たち＝2008年10月

いう。

「見試し」とは、たとえば新規利水者と既存利水者の利害が対立した場合、実際に取水を行なって数年様子をみて、不都合があれば軌道修正していくという方法である（中略）「技術の自治」の一つの典型といえるものではないかと考える（74頁）

地域の事情や自然環境に即した形で多種多様な「中技術」が駆使され、そこには地域の事情を地域で調整しながら自然に対する技術を柔軟に工夫して用いてゆく「技術の自治」があったというのだ。

そして三つ目は「公共的段階」。「為政者や計画者が河川をどう扱うかという立場で発想され、かつ実行される段階である。『治水』という概念はまさにこの段階」とされている。「大技術」と呼ぶこの段階の技術がはらむ問題を、大熊さんはこう問題提起している。

この段階の実行が従来、公共団体の技術者、極論すれば補助金制度を介した国の技術者によって独占され、一方的に押し付けられてきたところに問題がある。特に近年は、技術の「手段的段階」[*12]があまりに強力になり、技術の独占がややもすると自然破壊につながりかねない状況にある。また、地域住民の意識と乖離する事業が行政と市民との対立を招いたり、その事業による利益配分をめぐって市民間に新たな対立を生み出したりしている。技術が中央集権化され、画一的に適用されるがゆえに、新たな対立を生んだといえるのである。「技術の自治」がどうあるべきかという思想なくして、こうした対立は解決できないと考えている（75頁）

人と自然

この三段階論を踏まえ、大熊さんは『技術にも自治がある』でこのように指摘している。

近代的技術手段と中央集権政府の登場は、自然を大規模に変容させ、その地域的・時間的な枠をも越えて統御することを可能にした。そして、そのことは、社会・経済条件の近代化にともなう地域共同体の解体とあいまって、私的段階と共同体的段階の技術を崩壊させ、「技術の自治」を失わせ忘れさせる結果に至ったといえよう（81頁）

このような状況にある現代において、酪農家個々の「私的段階」の技術＝小技術、集落で力を合わせる「共同体的段階」の技術＝中技術の双方が駆使された三郎川魚道は、かつてのような「技術の自治」とまで言えるものではないかもしれない。ただ、「技術の自治」を再生する萌芽、とは呼べるだろう。先に紹介した小椋守さんの言葉が、それを示唆している。

明治期以降、西欧の技術を導入して行政府主導で急速な開拓が進められた北海道では、本州方面に比べて開拓者の地域共同体の歴史は長くはないが、開拓者たちは「小技術」「中技術」

で助け合いながら厳しい自然環境に立ち向かってきた。「大技術」の拡大とともにそれらは用いられる機会を減らしてきたが、魚道の設置作業に携わった住民たちは、自然とかかわるなかで「小技術」「中技術」を駆使することがもたらすものの大きさ、豊かさを改めて実感したのだと思う。

同書から、大熊さんの言葉を再び引こう。

明治以降、われわれは追い付け追い越せで近代化を目指し、市場経済を主眼とした個人主義的な交換可能な社会システムを築いてきた。河川改修工事でもそれを受けて、川と人との関係性を可能なかぎり弱める方向で進んできた。しかし、二十一世紀は、人と人、人と自然の関係性を豊かにし、人々が生きがいを感じられるような交換不可能な社会システムをつくることが求められている。河川改修工事でも、川と人との関係性を豊かにするとともに、それを地域で担う人々を育成する方向で技術が展開されることが要請されている。必要な河川構造物の設置も、その方向性において検討されるべきである（233―234頁）

子どもも川へ

完成したての三郎川手づくり魚道では、ヤマメが三角水制の隙間から流れ出る水流でジャンプする姿が見られた。水の生き物は、流れの変化に即応しながら生きているのだ。ならば、イトウも――。酪農家をはじめ魚道づくりにかかわった人びとのそんな期待は、北大大学院の野本和宏さんの調査で現実のものとなった。

２００９年春、魚道設置委員会から魚類相調査を委託された野本さんは、三郎川の堰の上流部で全長55〜70㎝程度のイトウの親魚８匹と、産卵床３カ所を確認した。２０１０年にも取水堰の上流で全長60㎝、70㎝の親魚２匹と産卵床２カ所、２０１１年も産卵床３カ所を確認したのだった。[*13]

調査と並行して、霧多布湿原トラストは２００９年、取水堰のある西円朱別地区の町立西円朱別小学校に協力して、三郎川魚道を活用した環境教育に取り組んだ。これには北海道淡水魚保護ネットワークもプログラムづくり、講師の手配などで協力をした。

初回は６月。全校児童16人が胴付き長靴や長靴をはいて、魚道の下手の三郎川へ入り、網で魚や水生昆虫、カワシンジュガイなどを捕えた。講師は、ネットワークのメンバーで水産総合研究センター北海道区水産研究所研究員（当時、現東京大学大気海洋研究所教授）の森田健太郎さん。魚の専門家で、川の生き物について説明しながらウエットスーツに水中メガネ、シュノーケルを身につけて魚道付近に潜っても見せ、子どもたち沸かせたのである。

「河畔林から川へ落ちる昆虫は、魚の大切な餌なんだ」「魚道のないダムの上流では、アメマスやカジカがいなくなってしまうんだよ」。洋服が濡れるのも構わず、ジャブジャブと川へ入って生き物を捕える楽しさに弾けるような笑顔を見せた子どもたちは、そんな説明に真剣に耳を傾けた［写真18］。

写真18　三郎川手づくり魚道の下流で、森田健太郎さん（右端）から川の生き物について教えてもらう西円朱別小学校の子どもたち。表情はいきいきと輝いていた＝2009年6月

住民が魚道をつくったプロセスを河畔で説明した湿原トラストの河原さんは「魚が上れるように、皆で見ていこう」と呼びかけた。2時間余りの授業を終えて、6年生の甲斐沼祐希君は笑顔を見せた。「川って面白いところだと思った。地域の人の手で、こんな魚道を造ったのはすごい」。

2度目の学習は10月、3度目は翌2010年3月。近隣の川で捕えたアメマスの親魚を観察し、川と海、川の上流と下流を行き来して生活するイトウやアメマスの生態を学び、水槽でアメマスの受精卵を飼育して孵化までさせた。

西円朱別小は児童数が減って2011年度末での閉校が決まっていた。その前に、より深く地域の自然とかかわる機会をもってほしい。それが地域の人たちの願いだった。魚道は、そのための格好の題材となった。「父さんやじいちゃんが、苦労して魚道を造った理由は何だろう」。川に入り、生き物に触れながら、それを考えた子どもたち。

どれだけのことを、彼らが記憶にとどめたかわからない。だが、酪農業を継ぐかもしれない彼らが、三郎川魚道の意味を理解する日が、いつかきっと来るだろう。

生活空間に新たな履歴を重ねる

NPO発足

魚道設置から3年後の2011年9月、魚道づくりにかかわった町内の酪農家を中心にして、特定非営利活動法人（NPO法人）「えんの森」が設立された。名前の「えん」には、魚道を設置した西円朱別地区の「円」、人の縁の「縁」、自然の循環や地域の環を示す「円環」といった複数の意味が込められている。

「純白のタンチョウや海を越えてくるワシたちが悠然と舞い、蛇行する川に巨大な淡水魚イトウが泳ぐこの北海道東部で、地域を流れる風蓮川水系の環境保全に取り組み、自然と調和した酪農郷を築くこと」。これがえんの森の目的だ。「安全・安心」な生乳の生産基盤となる生き物の豊かな環境の再生をはじめ、魅力ある地域資源の発掘、さまざまなイベント企画など「住みたい、住み続けたい地域づくり」に取り組む、と活動方針を掲げている。

ミッションは次の四つである。[*14]

①森を育て、豊かな自然環境を再生する

風蓮川流域で河畔林の再生や魚の遡上環境の改善を進めます。河畔の森は土砂などが川に流れ込むのを防ぎ、生き物が行き来する「緑の回廊」になります。

②自然の「いま」を調べ、環境を守る

地域の自然環境について調べ、環境保全やまちづくり、産業振興に活かす方法を提言し、推進します。

③人を結ぶ、絆を深める

地元の人同士、そして地域の外から来た人たちが交流し、絆を深める場をつくります。人の「環(わ)」を広げ、地域に活気を吹き込みます。

④産業を元気にする

環境を守る酪農家や漁業者の取り組みを広く知らせ、農水産品の付加価値を高めるよう努めます。

旧西円朱別小学校校舎に事務所を置き、2022年3月時点で正会員(社員)22人、サポーター会員34人、団体会員9団体。初代理事長には二瓶昭さん、2代目理事長には小椋守さんが就き、初代事務局長は霧多布湿原トラストを退職した河原淳さんが務めた。私も理事として加わっている[写真19]。

えんの森が掲げたのは「豊かな環境の再生」と「豊かな地域づくり」だ。浜中町内は過疎化

写真19　三郎川の河畔に立つNPO法人えんの森の小椋守・2代目理事長（左から2人目）をはじめ同法人役員ら。筆者（右から2人目）も設立時から加わっている＝2014年11月

が著しく、漁家や酪農・畜産農家の離職・離農が後を絶たず、積極的に新規就業者を受け入れてはいるものの、人口減に歯止めがかからない。児童減で学校の統廃合も進み、酪農地帯の小学校は5校以上あったのが2校に統合されてしまった。住民同士のコミュニケーションの場は大きく減り、祭りなどの地域イベントの存続も難しくなっている。

そうしたなかで「人の環」と「自然の環」をつなごうと、えんの森は環境調査・保全活動や他地域からの視察者や研究者の受け入れ、閉園した保育所を活用したカフェや交流サロンの開設、植樹用のミズナラの苗木育成などの事業を手掛けてきた。一方で三郎川魚道設置委員会の事務局を務め、三郎川手づくり魚道の維持管理の中心を担ってきた。

魚道の破損

当たり前だが、簡易な構造の手づくり魚道は壊れる。三郎川では、三角水制の木枠の中に詰めた土のうが水流によって痩せていく。随時土のうを補充せねばならない。水制の上には土がたまり、草木が生えて水の流下を妨げるので刈り取りが必要だ。木枠などの木材も水に浸かっていない部分は傷みが早く、補強が要る。

不具合が生じる都度、住民たちは修繕を行なってきた。魚道設置委員会事務局が呼びかけて酪農家や町役場、農協、湿原トラストの職員らが集まり、作業に当たる。補修の資金は、魚道設置委員会の構成団体である浜中町農協、湿原トラスト、浜中町、そしてえんの森が拠出する会費の積立金と、各種の助成金で賄ってきた。農協、トラスト、えんの森（２０１１年の設立以降に拠出）は年額1万円、浜中町は年5万円を拠出している。

こうした枠組みを考えたのは、魚道設置をコーディネートした河原淳さんだ。当時の状況を、河原さんは「岩瀬晴夫さんに簡単な魚道設計を依頼した時点で、壊れることを目的としてお願いしていた」と振り返る。「壊れることを目的として」とは、なんと驚くべき言葉だろう！「壊れないものを」と依頼するのが普通のはずだ。河原さんはこう続ける。「壊れないと、参加者の関心は無くなる。『壊れる』という不安をもって、環境への関心をもち続けるように仕向けて、その担保として改修資金の積み立てまで当初から組み込んでスタートした。みんなで積み立てることが活動の継続に大切なんです、と言って回った」

岩瀬さんが耐用年数を「おおむね10年」としたことから、河原さんは約10年後に大改修が必要になると見込んで、改修資金の8割を積み立てておこうと上記の枠組みを考案した。一定の自己資金があれば、助成金も得やすくなる。当初は各団体1万円の負担を予定したが、浜中町からは5万円を出すと申し出があった。これは「魚道の設置」という事業に対する補助金ではなく、魚道を維持管理して環境修復を継続するための負担金である。

「壊れる」ことを前提として設置された河川構造物。それは現代において特異な存在ではないだろうか。「壊れる」ということがもつ意味を、その後の年月のなかで、私たちはさまざまにかみしめることになった。

草刈りなどの作業はおおむね年1度程度のペースだったが、2010年の損壊の際には大掛かりな修復が必要になった。大雨による増水の直撃を受け、三角水制4基のうち最も左岸側の1基がずれてしまい、また魚の通り道としていた左岸側の水制2基のあいだに樹木が詰まるなどして魚が通りにくくなった。住民らは岩瀬晴夫さんの指導の下、再び大量の土のうをつくって上流からの流れをせき止め、魚道周辺の水位を下げて、ずれてしまった水制を金属の棒で囲って床面に固定したのだ。

魚道を設置して以降、住民たちは魚道を気にかけるようになった。雨が降ると心配で見に行くのである。「壊れる恐れがある」「手間のかかる」ものが、関心を引き付け、それが置かれた環境と人の「かかわり」を生む。「壊れる」魚道の設置は、酪農家たちの川への関心を大きく高めたといっていい。

写真20 「50～70年に1度」の規模とみられる2013年の豪雨で損壊した三郎川魚道。流芯の三角水制2基が大破して押し流され、「堰上げ」の機能が失われてしまった＝2013年9月

「壊れる」ということ

ただ、2013年9月の豪雨による被害の大きさは、さすがに関係者を意気消沈させた。増水した流れで流芯の水制2基が大破して押し流され、「堰上げ」ができなくなってプールが消え、魚の遡上を助ける機能が完全に失われてしまったのである〔写真20〕。損壊した水制の部材は付近の河岸に引っかかっていて回収できたが、どう見ても原型復旧は不可能に思えた。

被災原因となった同月16日、近隣のアメダス観測点「茶内原野」の日雨量は190・5㎜で当時の観測史上1位。同地点のデータは統計処理されていないため、岩瀬晴夫さんが近隣の観測点のデータを参照して推定したところ、「おおむね50～70年に1度の規模の大雨」だった。

当初耐用年数と想定した10年にも満たず、魚道設置委員会で積み立ててきた維持管理費ではとても賄えるような壊れ方ではなかった。人（作業要員）は何とか用意するにしても、資材を買うカネがない。また同じような三角水制をつくらねば機能は満たせないのか、どうすれば——。皆、どうしようもない隘路に陥った気がしていた。

再生への道を開いたのは、北洋銀行（本店・札幌）が住民の環境活動などを支援している「ほっくー基金」から、NPO法人えんの森が受けた助成金100万円だった。環境活動にとって、「人」もさることながら、「おカネ」の重みはひときわ大切である。常にメンテナンスの必要な構造物を維持するとなると、定常的に用意できる資金が欠かせない。もちろん町の支援が得られているだけでありがたいのだが、いざというときの金銭面での備えの大切さを私たち関係者は強く感じた。2014年7月にえんの森の事務所で開かれた助成金の贈呈式で、えんの森の小椋守理事長は、ほっくー基金の横内龍三代表（北洋銀行会長、当時）に深々と頭を下げたのだった。

かように皆にショックを与えた魚道の大破だったが、河原淳さんは「驚きはなかった」という。「思惑よりは3年ほど早かったが、点検・補修が必要な時期と思っていた。壊れることを前提に、良いタイミングで壊れてくれることを期待していたので、結果的には良かったと感じている。『まれにみる増水であったことから、壊れて当然で、それで壊れなければいつ壊れるの？』という意識なので、むしろ『次はまた一工夫してつくれる』と思っている」。

この「壊れる」ということがもつ深い意味について、河原さんは私たち「人と水のかかわり」に関心をもつ北海道内の有志でつくった「人と水研究会」というグループの会報に次のような示唆に富む文を寄せている。[*15]

一般的に魚道を後づけで造らなければならなかったのは、地域住民も行政も単に自然環境に興味・関心がなかったからである。私は、魚道を今後後付けで造らなくてもよいように、今残っている環境を残したり、利用したりすることを普段から地域住民が考えて対処していく仕組みが重要だと考えている。もともと後付けで魚道を造ることの意味は、これまでの反省と、反省を忘れないためにあると考えている。またそのことが、新たな視点を持ち続けることにもつながる。

そのためにも、人の心の隅から消えるようなものは造ってもあまり意味がない（中略）自然は常に変化するもので、本来は一瞬も同じものでは無いはずである。だから、常に関心を持っていなければならない。したがって、煩悩多い普通の人にとって（もちろん自分も…）、壊れるということは必要なのである

「導流堤」で修復

魚道設置委員会の求めに応じて、岩瀬晴夫さんは魚道の修復案を描いてくれた。三角水制4基のうち、破損せずに残った一番右岸側にある1基のすぐ隣（流芯側）に、「導流堤」という直方体状の構造物を据える。この二つの構造物によって、堤の3分の1幅だけ堰上げしてプール（たまり）をつくる。導流堤と三角水制の間は、魚の通り道として50㎝の隙間を設けておく。強度、制作費、維持管理を考慮した、これまた斬新なアイデアだった。

写真21　最右岸の三角水制の流芯側に「導流堤」を据えて「復活」した三郎川手づくり魚道。堤の幅の3分の1を堰上げするかたちで今に至っている＝2014年10月

この導流堤は、施工の際、魚道の下流側にたまった土砂の掘削や水をせき止める作業の負担軽減と、濁水の発生防止を考慮して、水中でも施工が可能なU字形コンクリート側溝を使うことにした。住民たちは魚道設置委員会を開いて施工の段取りを決め、浜中町から了解を取り付けて、流域の漁協にも説明し、２０１４年10月17、18の両日、準備と施工を行なったのだった。

参加者はまたも川底の土砂をさらって、土のう約８００袋をつくる作業に汗をかいた。これを堤の上に積み重ねて流れをせき止め、堤の下流も土のうで囲ってポンプで水を抜く。続いてU字形のコンクリート側溝2個をクレーンで吊り上げ、水位を下げた部分に並べて鉄筋で固定した。U字の内側に角材を積み上げて「カベ」をつくり、樹脂製のネットで覆った〔写真21〕。

修復作業には、魚道設置委員会を構成するＮＰＯ法人えんの森をはじめ、ＮＰＯ法人霧多布湿原ナショナルトラスト、西円朱別振興会、浜中町農協のほか、茶内第3地区の住民、さらに浜中町役場などから延べ約40人が参加。力を合わせて18日の日没前後までに作業を終えたのだった。

いつもながら、水位を下げる苦労はひとかたではない。水中に立ちこんでみて、水の力を思い知る。そして、仲間と汗をかいて完成させたときの喜びも。増減する水と付き合うことが、どれだけ骨が折れ、喜びも大きいものか、思い知るのだ。

修復にかかった費用は、樹脂ネット、アンカー鉄筋、土のう袋などの資材代、U字溝を吊り上げるクレーン車の借上代など合わせて約90万円。もちろん作業の合間には皆で弁当を食べながらワイワイと話し合った。苦労は多いけれども、人びとが地域の川や水にかかわり、さまざまな人とかかわるための、大切な「場」であった。

序章で引用した哲学者、桑子敏雄さんの言葉を借りれば、魚道の設置や補修は、三郎川という空間に住民たちが「履歴」を重ねる作業であった。個人ではなく、共同体の一員として行為に加わることで、その履歴は輪郭の確かなものになる。そうした体験をした人びとにとって、手づくり魚道のある三郎川取水堰の風景は、ひときわ愛着を感じるものである。

西円朱別地区の酪農家で町議会議員を務めた鈴木誠さん（1951年生まれ）は言う。「魚道の作業には特別な達成感があった。地元以外のいろんな人の技術や知恵を借りて、わくわくする思いをみんな抱いていていた」。

鈴木さんは、かつて浜中町の酪農地帯では、酪農家が牛舎やサイロを建てる際に手弁当で協力しあうなど、地域ごとの共同作業があったと振り返る。年月とともに共同作業は徐々に減り、飼養頭数の拡大や設備の大型化、機械化が進んだことから、個人ベースや請負業者に委託する作業が増えていた。三郎川の魚道づくりは、地域住民の協力関係を再構築しつつ、外部の知恵や技術を加えて、何かを成し遂げる作業だった。

大熊孝さんの言う「中技術」を駆使する魚道の維持管理は、弱まっていた地域共同体の力を活性化する一つのきっかけになったと、岩瀬晴夫さんや私は考えている。

15年の歳月

そうして履歴を重ねてきた三郎川手づくり魚道だが、15年という歳月は、その維持管理を難しくしている。三角水制や導流堤の部材の老朽化という「ハード」の劣化以上に、維持管理にかかわる人の減少という「ソフト」の問題が大きいのだ。

導流堤を据えて修復して以降、三郎川魚道は大きく壊れてはいないのだが、それを維持管理する人間集団の「持続可能性」のほうが怪しくなってきた。２０１９年には魚道設置委員会事務局のえんの森が呼びかけて十数人が集まり、小規模な補修作業をしたのだが、コロナ禍もあり、２０２０年以降は人を集めて作業することができないでいる。

魚道のメンテナンスにかかわる人は年ごとに減ってきた。その主軸を担うＮＰＯ法人えんの森も、役員の退任や死去などもあって活動に加わる人が減ってしまった。「壊れる」存在である手づくり魚道の状態を常に気にかけてはいる人はいるのだが、「壊れる」ということだけで、多くの人の関心を惹き続けることが難しくなってしまったのである。老朽化していく魚道を、これからどのような態勢で維持管理するか。維持管理が困難ならば撤去するのか、違う形での機能維持を目指すのか。根本的な検討が必要な段階を迎えている。

えんの森の2代目理事長の小椋守さんは、手づくり魚道について「さまざまな得意分野をもつ外部の人たちと一緒につくってきた地域の財産。自然とかかわることを通して、これからも何らかのことができるのではないかと思う」と語るが、「酪農経営に追われてゆとりのない息子たちの世代を引き込むのは難しい」と打ち明ける。

小椋さんの言葉どおり、魚道維持などの作業に加わる人が減っていく背景には、この10年余りでの地域コミュニティの変化がある。貿易自由化の加速を背景に、国産の農産物と、価格の低廉な輸入農産物との競争は激しくなった。生乳からつくるチーズなど加工品の輸入枠拡大や関税引き下げが進み、また輸入飼料の高騰などの下で厳しいコスト競争を勝ち抜くために、北海道では農家の規模拡大が急激に進んでいる。

浜中町の農家戸数は約160戸。この10年余りで2割ちかく減った。他方、乳牛の飼養頭数は約2万3000頭とあまり変わらない。つまり1戸あたりの頭数が増えているのだ。牧草地を貫く道路を車で走れば、緑の牧草地に放たれた牛がほとんどいないことに気づく。浜中町農協は牧草を最大限活用した低コスト、自然循環型の放牧酪農を提唱してきたが、飼養頭数の拡大により、乳牛を牛舎内だけで飼育し、牛の出し入れや牛道の整備などの作業負担が大きい放牧をしなくなった農家が増えているのだ。

小規模な家族経営から法人経営に切り替えて飼育頭数を増やし、従業員を雇用する酪農家も増えた。そうした従業員が地域コミュニティにかかわる機会は多くない。子どもがいても、酪農地帯の小学校の多くは統合で閉校し、学校行事などで住民とかかわる機会は乏しい。担い手不足にコロナ禍もあって、西円朱別地区の「サマーフェスティバル」といった祭りイベントも開けない時期が続いている。経営者である酪農家自身も作業量の増大に追われて多忙を極め、コミュニティワークにかかわらなくなりつつある。

変容するコミュニティ

三郎川手づくり魚道や、NPO法人えんの森の活動は、酪農家の「環境への思い」から生まれてきたが、変容する酪農村のコミュニティのなかで難しい段階を迎えている。手づくり魚道の母体となった「緑の回廊づくり」も停滞している。2006年時点で、この運動により植えた木のうち残存するのは3割にとどまっていたが、その再生や新たな植樹の取り組みは魚道の設置後も始まらなかった。

もちろん、町内には規模拡大や生産量の増大を志向せず、環境負荷の小さいスタイルの酪農を続ける酪農家はいる。NPO法人えんの森の理事を務める西円朱別地区の菅井喜久雄さん（1956年生まれ）はその一人だ。搾乳牛は30頭ほど（町内平均は約80頭）。1頭あたりの搾乳量を年間6000kgと道内平均（約8000kg）より抑えて牛の体への負担を小さくし、牧草地には化学肥料を散布せず、自然循環型の放牧酪農を続けている。

緑の回廊推進委員会の委員長を務めた二瓶昭さんも放牧を続け、川を汚さぬよう、堆肥の状態や散布の仕方にも注意を払っているという。そうした酪農家の「環境への思いは薄れていない」（石橋栄紀・浜中町農協名誉組合員）とは言うものの、多くの酪農家たちは仕事に追われ、組織だったアクションは見えなくなっているのが現実だ。

二瓶昭さんは、酪農家による環境保全の取り組みを経済的な価値として評価し、酪農家の手取りに反映させる仕組みをつくれなかったことが、運動の継続が困難だった一因とみている。「農協の監事をしていた時、補助金を使って環境保全に取り組む組合員に払う乳代に上乗せをしては、と内部で話したことがあるが、実現しなかった。実現していれば植樹などを継続的に行なえたのではと、今でも悔やんでいる」と語る。

農業や地域社会の在りようの変化のなかで、「緑の回廊づくり」や三郎川魚道が結んだ「人の環」は、切断されようとしているのかもしれない。経済活動とは別の次元で展開されるコミュニティワークとしての環境保全活動を、社会環境の変化のなかでどう維持するか。地域住民による環境保全運動があまねく直面する課題であるだろう。

ヤワじゃない

それでも、「緑の回廊づくり」と三郎川魚道の歩みが地域に残してきたものは決して小さくない、と私は思う。

この章の締めくくりに、子ども時代に三郎川魚道での環境学習を体験した青年酪農家の言葉に耳を傾けたい。

「自然はすごい。壊すにしても、守るにしても、人間が影響を与えられるのはごく一部。すごく懐が深い。ヤワじゃない」

乳牛が草をはむ広々とした放牧地で、掛水慎悟さん（1998年生まれ）は自身の自然観を語ってくれた。浜中町西円朱別地区の酪農家の4代目。2009年、NPO法人霧多布湿原トラスト（当時）が三郎川魚道で行なった川の自然を学ぶ授業に参加した西円朱別小学校の児童の一人だ。

慎悟さんは当時5年生。講師を務めた水棲生物の専門家と一緒に胴付き長靴をはいて三郎川に入り、魚道の下手の深みにタモ網を差し入れて、つややかに光るヤツメウナギを捕った記憶がある。他の児童が捕った小さなエビや魚と一緒に、バケツに入れて学校へ持ち帰った。「ヤツメウナギは左右にえらが7つずつあるって講師の先生が教えてくれた。小魚はイトウの稚魚かも、って言われて、みんなでスゴイ！　と盛り上がった。川に立ちこむと、水圧で脚が締め付けられる感覚が新鮮で面白くて。水が好きなんです。小さいころから父に三郎川に釣りに連れていかれたりして、水にかかわってきたから」。

父の優さん（1966年生まれ）は、三郎川魚道をつくった酪農家の一人だ。子ども時代には三郎川で小エビをバケツいっぱいに捕り、ゆでて食べるなど、農地開発で大きく改変される前の川の自然の豊かさを知る世代だ［写真22］。

その次の世代である慎悟さんも、父との体験や川の自然を学ぶ体験学習などを通して、水とかかわることの面白さを知った。進学した道立標茶（しべちゃ）高校（北海道標茶町）の総合学科では、湿原

写真22　浜中町西円朱別の牧草地に立つ掛水優さん（左）、慎悟さん父子。三郎川での環境学習に加わった慎悟さんには「水の記憶」が刻まれている＝2022年7月

について学ぶプログラムに加わった。農家が牧草地に散布する肥料のリン成分が川を通じて湿原に流れ込み、環境に負荷を与えるのを防ぐ方法を探るために、仲間と一緒に水中に土のうを積み、リン成分や泥を沈殿させる池を設けて水質の変化を調べたりした。東北地方の津波被災地を訪ねて、海辺のゴミ拾いをしながら自然の力のすさまじさを実感する機会もあった。

町の子どもよりも水や自然にかかわる機会を多くもちながら、掛水さんは多少の負荷なら飲み込んでしまう自然の力の大きさとともに、人と自然のかかわり方の難しさを感じてきた。牧草地を切りひらき、肥料をまき、牛を飼えば、自然に負荷を与えるのは避けられない。人はどこまで何をやっていいか。環境について学ぶほどに判断は難しくなる。

「でも、自然とは人の行為の影響を受けて、変わっていくものだとも思う。自然の力の大きさを知り、どこまでなら人のエゴが許されるのだろう、と考えています。酪農を続けるうえで、環境と調和することは欠かせないから」と慎悟さんは言う。

確かに自然と人は相互に影響を受けあうものであり、両者の微妙なバランスを保つ道は、難しくとも探していかねばならないのだろう。川に入り、水とかかわることに目を向けた酪農家たちの思いは、次の世代に受け継がれているのかもしれない。三郎川魚道の先行きは見えないが、まいた種は芽を出している。私はそう信じたい。

北海道のあちこちに目を転じれば、浜中町の酪農家と同じように自然再生への思いを抱き、汗をかいて身近な環境の修復を試みる人たちが各地に現われている。次章では、北海道東部の美幌町（びほろちょう）と釧路地方で、魚道の手づくりを試みる人たちの姿を追ってみよう。

注

＊1 『きらめく大地　はまなか酪農郷　国営茶内地区総合農地開発事業誌』（北海道開発局釧路開発建設部、1992年）

＊2 落差工とは「流水の落下エネルギーを落下方向に向けることにより低減させるとともに、河床勾配を計画河床勾配にまで緩和させるために流路に設けられる構造物」（『図解河川・ダム・砂防用語事典』土屋昭彦編、山海堂、1981年）。つまり川の勾配を緩くして水の勢いを弱めるために、川を横断する形で設けられる構造物のうち落差のあるものを指す。河床が水流で削られて護岸が倒壊したりするのを防ぎ、河床を安定させるためのもの。

＊3　北海道新聞1991年10月2日朝刊「水質全国ワーストワン、風連湖ルポ—汚染に揺らぐ生活。網に赤ベト、『魚とれぬ』。農地開発、いま後遺症」

＊4　中山間地域等直接支払制度とは、農業生産条件の不利な中山間地域で、集落などを単位として農用地を維持・管理するための取り決め（協定）を結び、それに従って農業生産活動など（耕作放棄の発生防止、周辺林地の管理、魚類の保護など）を行なう場合、面積に応じて一定額（国が費用の半分を負担）を交付する仕組み。浜中町を含む「浜中・別寒辺牛集落」では２０２３年現在も、この交付金を活用して植樹を希望する農家に苗木のあっせんなどを継続している。農林水産省ホームページhttps://www.maff.go.jp/j/nousin/tyusan/siharai_seido/s_about/index.html参照

＊5　認定ＮＰＯ法人霧多布湿原ナショナルトラストホームページhttps://www.kiritappu.or.jp/参照

＊6　福島路生・帰山雅秀・後藤晃「シリーズ・Series日本の希少魚類の現状と課題　イトウをどう守るか」（魚類学雑誌55巻1号、日本魚類学会、２００８年）49—53頁

＊7　同前

＊8　普通河川とは、河川法の適用を受ける「一級河川」（国土保全や国民経済の上で特に重要な水系のうち国が指定した河川、国土交通大臣が管理）、「二級河川」（一級河川以外の水系で公共の重要な利害の関係にある水系のうち都道府県が指定した河川、都道府県知事が管理）、河川法を準用する「準用河川」（一級・二級河川以外で市町村が指定した河川、市町村長が管理）以外の小河川。河川法の適用・準用を受けず、市町村など地方公共団体が管理する。国土交通省ホームページhttps://www.mlit.go.jp/river/pamphlet_jirei/kasen/jiten/yougo/02.htm

＊9　「近自然工法」は建設コンサルタントの福留脩文氏が１９８０年代から日本に紹介した、人間活動と生物生存の両立を目指すドイツなど欧州の川づくり思想。その後の１９９０年、建設省（当時）が『「多自然型川づくり」の推進について』の通達を出し、河川法の適用・準用河川において「河川が本来有している生物の良好な成育環境に配慮し、あわせて美しい自然景観を保全あるいは創出する」（『多自然型川づくり』実施要領）事業を進めるよう求めた。１９９７年には河川法改正で「河川環境の整備と

保全」が河川管理の目的の一つとして明文化され、河川砂防技術基準（案）の改訂により「河道は多自然型川づくりを基本として計画する」こととされた。さらに２００６年、国土交通省が「多自然川づくり基本指針」を出し、「多自然川づくり」を「すべての川づくりの基本」と明記した。この指針では、多自然川づくりを「河川全体の自然の営みを視野に入れ、地域の暮らしや歴史・文化との調和にも配慮し、河川が本来有している生物の生息・生育・繁殖環境及び多様な河川景観を保全・創出するために、河川管理を行うこと」と定義している。

国土交通省ホームページhttps://www.mlit.go.jp/river/shinngikai_blog/past_shinngikai/shinngikai/nature-review/index.html、https://www.mlit.go.jp/kisha/kisha06/05/051013_.htmlなど参照

＊10　川につくる施設は、河川法に基づき「河川管理施設等構造令」（政令）で構造に関する一般的技術的基準が定められている。これを補完し、調査や維持管理なども含めて技術基準を示したのが国の「河川砂防技術基準」で、「国土の重要な構成要素である土地・水を流域の視点を含めて適正に管理するため、河川、砂防、地すべり、急傾斜地、雪崩及び海岸に関する調査、計画、設計及び維持管理を実施するために必要な技術的事項」を規定している。これらを逸脱しない範囲で、各都道府県が実務者向けに技術基準や技術指針などを設けている。国土交通省ホームページhttps://www.mlit.go.jp/river/shishin_guideline/gijutsu/gijutsukijunn/index2.htmlを参照

＊11　大熊孝『ローカルな思想を創る❶　技術にも自治がある　治水技術の伝統と近代』（農山漁村文化協会、２００４年）73―75頁

＊12　大熊孝さんは前掲『技術にも自治がある』のなかで、技術を「担い手」によって「私的」「共同体的」「公共的」の三段階に分類する一方、技術の「成り立ち」（技術がつくられる過程）によって「思想的段階」「普遍的認識の段階」「手段的段階」の三段階に分けている。「思想的段階」とは自然観や社会観などを基盤としつつ、その川をどう開発・保全するかという大局的観点に立って進める計画の段階であり、「普遍的認識の段階」とは川の流水の動きや水循環などの自然現象、人間と川との関係などを科学的・普遍的に理解する認識に立脚して行なう段階を指す。「手段的段階」は、「思想的段階」で発想され、

「普遍的認識の段階」で認識されたことを具体的に実行する手段を言う。例として水流の方向を変えたり、勢いを弱めたりするために設ける「水制」や、水害防備林帯などをあげている。同書70―72頁。

＊13　『三郎川取水堰に設置した魚道の効果に関する報告書』（三郎川魚道設置委員会、２０１１年）

＊14　『ＮＰＯ法人えんの森の軌跡　活動報告書２０２１』（ＮＰＯ法人えんの森、２０２２年）

＊15　「なにゆえ、いかにして彼らは魚道を作ったのか。ひとみずツアーリポート『手づくり魚道』北海道浜中町・美幌町」https://hitomizu.jimdofree.com/web%E4%BC%9A%E5%A0%B1-%E4%BA%BA%E3%81%A8%E6%B0%B4/

第2章

広がる小さな自然再生

ふるさとの川を―北海道美幌町・駒生川

孫の一言

鮮やかな青空の下、ゆるやかに起伏する大地に敷きつめられた金色と緑色のカーペット。夏の北海道オホーツク地方は、そんな表現がふさわしい。金色は麦、緑色はビート（テンサイ）やバレイショ、タマネギ、豆類、牧草などの葉。重畳（ちょうじょう）と波打つ畑地や牧草地は、北海道屈指の大規模畑作・酪農畜産地帯ならではの景観だ。

1990年代に駆け出しの新聞記者としてこの地で農林業を取材し、農家を訪ね歩いて何足も靴を履きつぶした私にとっては、「これぞ北海道」と感じる風景である。

その一角にある美幌町は「川の町」だ。オホーツク海に注ぐ網走川と、最大支流の美幌川の合流点に形成された沖積平野に市街地がある。アイヌ語の「ペ・ポロ（水多く・大いなる所）」が町の名の由来とされ、2023年4月末時点の人口は約1万8000人。広大な農地で畑作や酪農畜産が営まれ、北見市と網走市の中間点に位置する物流の拠点でもある。

町の中心部から南東へ約6㎞。美幌峠へと標高を増してゆく丘陵地帯を縫って流れる美幌川の支流の一つが、駒生川（こまおいがわ）である。川幅2〜5mほどで、流程約10㎞のうち下流側1・7㎞は道管理の1級河川、それより上流は町管理の普通河川。アイヌ語で「チェプンオンネナイ」（サケの入る大きな川）と呼ばれた。サケ（シロザケ）を「カムイチェプ」（神の魚）と呼び、大切な食料資源、文化的資源としたアイヌの人びとに恵みをもたらす川だったのだろう。[*1] かつては日本最大の淡水魚イトウ（アイヌ語では『チライ』など）も上ったという。

だが戦後、澄んだ流れに躍動するサケの姿は駒生川の中・上流域から途絶えた。流域での大規模な土地改良事業により、流路を真っすぐに固定されて河床と両岸の三面をコンクリートの護岸で固められ、魚の遡上を阻む落差工[*2]（小さな堰堤）が町の管理区間に9基も設けられたからだ。土地改良で排水をよくしたおかげで河畔の農地は乾き、作物の育ちは良くなって、農業の生産性は高まった。ただ、駒生川はサケだけでなく、サクラマスやカジカなど、あらゆる魚たちに「上りにくい川」「上れない川」になってしまった。

その落差工9基のうち7基に、魚たちのために簡易な魚道が取り付けられた。2011年から翌2012年にかけてのことである。第1章で紹介した浜中町の三郎川と同じように、公共事業によってではなく、生き物の豊かだったふるさとの川を再生したいと願う住民たちの手によって。

2022年7月、夏草生い茂る駒生川を訪ねた私を、一人の男性が手づくり魚道に案内して

写真1　一面緑が広がる夏の農地の傍らに立つ橋本光三さん。駒生で生まれ育ち、農業一筋に生きてきた＝2022年7月

くれた。流域の駒生地区に住む元農業、橋本光三さん、1942年生まれ。仲間とともに「駒生川に魚道をつくる会」を立ち上げ、役所に働きかけて魚道の設置許可を取り付け、資金を調達し、関係機関に説明に歩いた人である［写真1］。川に入って水圧に耐え、作業に汗した。壊れれば補修し、10年以上にわたって魚の遡上状況の調査や、地域の環境学習にも協力してきた。

橋本さんをそこまで駆り立てたのは25年ほど前、一緒に駒生川に釣りに行った孫の男の子が投げかけた一言だった。

「じいちゃん、これじゃ魚は上れないよ」

地域の宿願

「あの一言がなかったら、魚道づくりなんてやらんかったよ」

農地の傍らに建つ自宅で居間に腰を下ろし、橋本さんは当時を懐かしむように語り出した。会うのは9年ぶりだった。浜中町の三郎川魚道をつくった酪農家たちと交流するために、橋本さんは2013年に浜中町に来てくれたのだった。80歳を超えたが、「指導農業士」という指導的立場にあった人だけに、話の明快さと歯切れのよい口調は変わらない。

「駒生川の落差工の下流は魚がいっぱいたまってっから釣り堀みたいでさ、孫連れてって釣りしてたんだ。いっつもヤマベ（サクラマスの河川残留型）がジャンプしてるから、俺は落差工の上流に上ってると思ってた。でも、孫は『じいちゃん、ヤマベは上れても、カジカやドジョウは上れるわけないべや』って言うんだ」

孫の何気ない言葉は橋本さんの心にずしりと響いた。それは、橋本さんが、駒生川をそのような姿にした戦後の土地改良の旗振り役の一人だったからだ。

駒生地区は2022年の時点で丘陵地帯に17世帯が暮らす農業地帯だ。地区の土地改良の歩みを記した冊子によると、開拓の鍬が入ったのは明治の末年ごろ。入植者たちは牧畜や農耕、炭焼きを営んだ。昭和初期、町営の共同牧場が駒生に開かれ、良質の農耕馬などの生産が期待された。それまで駒生川のアイヌ語名（チェプンオンネナイ）にちなんで「知恵文（ちえぶん）」と呼ばれていた駒生地区は、字名改正に伴い、馬産振興を目指して「駒生」と名を変えられたのだった。*3

開拓者たちは草ぶきの家に起居して風雪をしのぎ、稲キビや麦を主食として森を切りひらいた。川沿いの低地の開拓は、水との闘いでもあった。自在に蛇行する原始河川の駒生川は、雨が降ると流域に水をあふれさせた。火山灰土の開墾地を湿らせる水をいかに抜くか。農業で食べていくためのカギは、この水を制御することだった。

食料増産が叫ばれて農業の機械化が進んだ戦後の高度経済成長期、公共事業による土地改良が本格化する。1955年から昭和の終わりごろまで、暗渠（覆いをするなどして外から見えない水路）で農地から水を抜き、明渠（露出した水路）工事で駒生川の流路を真っすぐに固定して三面を護岸し、川の水の流速を落とすための落差工を設ける国営、道営、団体営（市町村など）の工事が切れ目なく実施された［写真2］。道路や土地基盤の整備なども含めた土地改良の事業費は、1988年に発刊された事業完成記念の冊子に記載されているだけで19億円に上る。

この冊子には、水との闘いに苦しんだ農家の男性が「土地改良の思い出」と題して書いた切実な声が記されている。

写真2　昭和50年代の土地改良事業によって直線化され、コンクリート護岸三面張りになり、落差工が設けられた駒生川。農家を悩ませた水害は減り、農業の生産性は高まったが生き物の姿は消えた（『駒生開基八十周年　駒生地区土地改良完工　駒生の歩み』から、駒生川に魚道をつくる会提供）

道営明渠排水事業が完了する前は、川は曲がりくねり、川底が浅く春先の雪解や雨の多い年は、畑の中が川のように水が流れたり、畑の低みは湖のように水がたまったり苦労の連続だった。雨の多い年は湿害により、豆・馬鈴薯・ビート・小麦など畑作物が湿害・水害で凶作になり、救農工事によって、救済されると共に、湿地畑に大排水を掘ったり、馬ソリで客土をおこなったり、大変な時代があった。また、組合内で機械で川底を掘り下げようと、話がまとまり、ユンボをたのんでやったこともあった。川底の砂利上げには能率が上がり喜んだ日もあったが完全でないので、また土砂が流れたまってしまい、苦労はたえなかった

水を制することは、地区の農家の悲願だったのだ。それは畑作農家の3代目だった橋本光三さんも同じだ。最大30haを超す農地で15年前までビートやバレイショ、小麦などをつくり、水に悩まされてきた。橋本さんは地区の土地改良期成会や明渠排水路の管理組合の役員を務め、駒生地区の自治会長として先の冊子に次のような祝辞を寄せている。

開拓の鍬が入れられてより多数の方々が北限開拓の夢に燃え、太古の原始林に斧を入れた情熱は、私達にとって想像を絶することであったと思います。厳寒の地に食糧や農具に不自由しつつ、不撓不屈の精神力と強い忍耐力が今日の駒生の歴史を築かれたことは、先人の方々にこの偉大なる御苦労に対し心より敬意と感謝を表わす次第です

土地改良事業は、先人が切りひらいた農地の生産性を高め、農家の暮らしを安定させた。だがその結果、駒生川は「排水路」と呼ばれるようになり、魚の姿は消えた。先の農家の男性は、このようにも書いている。第1章で紹介した浜中町の酪農家が、大規模農地開発の後に抱いた感想に通じる思いである。

しかし、小さい頃から、夏には河川に入ってあそんだり、魚つりをしたりしてきた川が、ブロックで三面がきれいになって、魚の住む場所がなくなり、今ではほとんどいなくなったのが非常に残念に思う

「魚道をつくれ」

川を直線化すると流れは速くなり、洪水時に河床が洗掘される恐れがある。これを防ぐために、落差によって流水のエネルギーを減衰し、河川の勾配（上流から下流に向かっての川底の勾配）を緩和して安定させるために造られるのが落差工だ。

駒生川の落差工9基は、コンクリートや鋼板を垂直に立ち上げたものだ。うち7基は高さ1mを超え、最大で1・5m（残り2基は50㎝と80㎝）。遊泳力のないハナカジカなどは上ることができず、美幌博物館などの調査では、遊泳力のあるサケ科の魚でも、最も上流にある落差工の先まで上ることはできない状態だった。[*4] 落差工の上流部は蛇行して河畔林に覆われ、川底にはサ

ケ科の魚の産卵に欠かせない礫（れき、小石のこと）が豊富な、原始河川の面影をとどめる自然環境が残っているというのに。

ある年の秋のことだ。

土地改良によってコンクリート三面張りとなった駒生川を「流しそうめんのようになっちゃったな」と思っていた橋本さんは、孫からあの言葉を言われて以降、落差工をしばしば見に行くようになっていた。はたして魚たちは落差工を超えているのか、いないのか。その秋、黒々とした背のサケの群れが、最も下流にある落差工の下にたまっていた。落差に阻まれて、そこから先へは行けないのだ。

サケたちは高さ1mの落差工に向かって懸命にジャンプを繰り返す。だが、幾度試みても乗り越えられない。と、1匹が落差工の傍らの土手の草地に跳びあがった。驚いたことに身をくねらせて土手を這いながら、このサケは落差工の上手へ向かい、上流の川の中に身を躍らせたのだ。

「サケが土手を上るなど考えてもいないし、人に話しても信じてもくれないでしょう」。その時の衝撃を、橋本さんは後からこう振り返っている。[*5] 自分たちが利用しやすいように土地を改変した結果、ずっと昔からこの川で生きてきた生き物たちに、苦しい思いを強いている。遡上の自由を奪われながらも、魚たちは子孫を残すべく、必死に川をさかのぼろうとしているのだ。「魚の生きようとする姿、生命力に感動したのでした。それ以後、なんとしても落差工に魚道をつくりたいと思ったのでした」と橋本さんは続けている。

転機はオホーツク地方を襲った2004年の大雨だった。

駒生川は増水し、一部区間であふれたため、北海道が管理する下流側1・7㎞区間で河川改修計画が2006年から動き出した。道は「川づくりに地元の意見を反映させたい」と、住民らによる「駒生川ワークショップ」という話し合いの場を設けて意見を求めた。地区代表として、ワークショップの委員に選ばれた橋本さんは強く訴えたのだった。「改修して川を良くするなら、その上流にある落差工にも魚道をつくって魚が上れるようにしてくれ」と。

「俺は駒生で生まれ育って、小さいころは駒生川の上流で魚も釣った。今とは比べものにならないくらい魚がいたよ。ヤマベもドジョウもカジカも、エビも。フナもコイも。本当はいろんな魚が来る川なんだ」。その駒生川の流れを見下ろしながら、橋本さんは私にかつての川の姿を語ってくれた。のっぺりとコンクリートで覆われた真っすぐな流路の傍らで、言葉には愛おしさと苦さが入り混じっていた。

「家を継いで農業をするようになってからは、川を直線化して、農業生産に結び付けることばかり考えていた。だから、川にも魚にも目なんか向けなかった。でも孫に言われて、魚のいない川、上れない川でいいのかって思うようになって。戻すのは簡単じゃないけど、俺が生きているうちに罪滅ぼしがしたいんだ」

実例は浜中に

ワークショップは2006年から年に2~3回開かれ、橋本さんは落差工への魚道づくりをしつこく主張し続けた。やがて「このままではサケがかわいそうだ」という橋本さんの強い思いに委員たちも共感し、ワークショップでまとめた道への提言には「落差工をなくし下流から上流をつなぐ」という項目が盛り込まれた。

だが、国営と道営の排水事業で設けられた落差工は、道がワークショップの意見を踏まえて改修を計画している区間よりも上流にある。落差工のある区間の河川管理者は美幌町であり、落差工は国や町の財産だ。このため道に魚道設置を求めても「こちらでは手の出しようがない」と、すげない回答だった。

どうしたら魚たちを上らせることができるだろう。

カベに突き当たった委員たちのなかから、ワークショップとは別の団体をつくり、実現の道を探ろうという声が高まる。そうして立ち上がったのが「駒生川に魚道をつくる会」だった。

２００９年10月のことだ。橋本さんを会長に、流域住民、美幌博物館の学芸員、魚類を研究する東京農業大学オホーツクキャンパス（網走市）の学生など、設立時の会員は９人。早速、落差工の所有者である国に魚道設置を求めたのだが、「排水事業は完了済み。今から魚道設置はできない」と、こちらもつれない返事だった。

「なら、自分たちでやってみっか」

そんな声が、メンバーの間から自然にわき上がった。ワークショップの委員を務め、「つくる会」に加わった札幌の河川技術コンサルタント、神保貴彦さん（１９５６年生まれ）は振り返る。

「何かできるんじゃないか。落差工に石でも積み上げて、魚を上らせることができないか――

と、橋本さんに引っ張られて、会員たちの熱量は非常に高かった。でも、皆でお金を出し合ってできるような小さな事業ではない。魚道をつくるための資金を補助してほしいと民間の財団や道に申請したのですが、魚道づくりの実績もないことから、却下されてしまって」

　神保さんは当時、美幌町内の造園土木会社から、札幌にある北海道技術コンサルタントに転職したばかりだった。もともとは道職員で、美幌町内の魚無川の川づくりを担当した際、熱心に川掃除などをしていた住民団体「魚無川をきれいにする会」から「魚の住める川づくり」を要望され、苦労して試行錯誤した経験があった。「多自然川づくり」を国が打ち出した1990年代のことで、これを機に自然環境の保全や再生にかかわる仕事をしたいと、道を退職して民間に移ったのだった。環境への思いを抱く神保さんが、魚道づくりを実現させるキーマンの一人となった。

「何か手はないだろうか」。職場で相談をした神保さんに、同僚の一人が教えてくれた。

「浜中町に、手づくり魚道の実例がありますよ。設計したのはウチの岩瀬晴夫さんです」

魚道づくり始動

　岩瀬晴夫さんは、第1章で紹介した浜中町の三郎川手づくり魚道を設計した河川技術コンサルタントである。神保さんは、会社の同僚である岩瀬さんに話を持ち掛けた。駒生川のスケールは三郎川よりも小さい。こんな小さな川の落差工に、魚道を手づくりした事例は聞いたことがない。ぜひ仮設の魚道をつくる技術を試したい。機械ではなく人の手で、石や木といった身近な材料を、最低限の量で使って――。

話し合いの結果、北海道技術コンサルタントが企業として「つくる会」を技術面からサポートし、最初の1基については資金も提供することになった。前例のない試みは、会社にとっても知見の蓄積になるという判断だった。

設計図面は岩瀬さんの助言を受けながら、神保さんが描く。資金は「つくる会」の会費（年間1人1000円）と、北海道技術コンサルタントからの拠出金で賄う。魚道の主な素材は、農地整備で畑から取り除いた石、そして地元産の丸太材。どちらも現地調達だ。「つくる会」の会員、そして橋本さんの人脈で集めた人たちで作業を担う。

資金、技術、労働力にめどがつき、魚道づくりが具体的に動き出した。対象は、落差工9基のうち落差1ｍを超える7基。すべてを改善しなくては、魚は豊かな自然の残る最上流部へ上れない。

神保さんが設計したのは、落差工の下流側の河床に、石を詰め込んだプラスチックネットと丸太を鉄製のアンカーボルトを使って据えて、60㎝ほど「堰上げ」（流水をせき止めて水位を上げること）するシンプルな構造だ。ネットと落差工との間にできるプール（たまり）から、落差工に向かって斜めに板を差し渡し、板の上には石をいくつも固着させる［図1、写真3右側］。

魚たちはまずプールに入って一休みした後、スロープ状の板の上を泳ぎ上がって落差工を乗り越える。板の上に石を配するのは、遊泳力の乏しいカジカやドジョウなどの魚も上れるよう、流速の遅い部分ができるようにする、つまり「流速の多様性」をもたらすためだ（この石はその

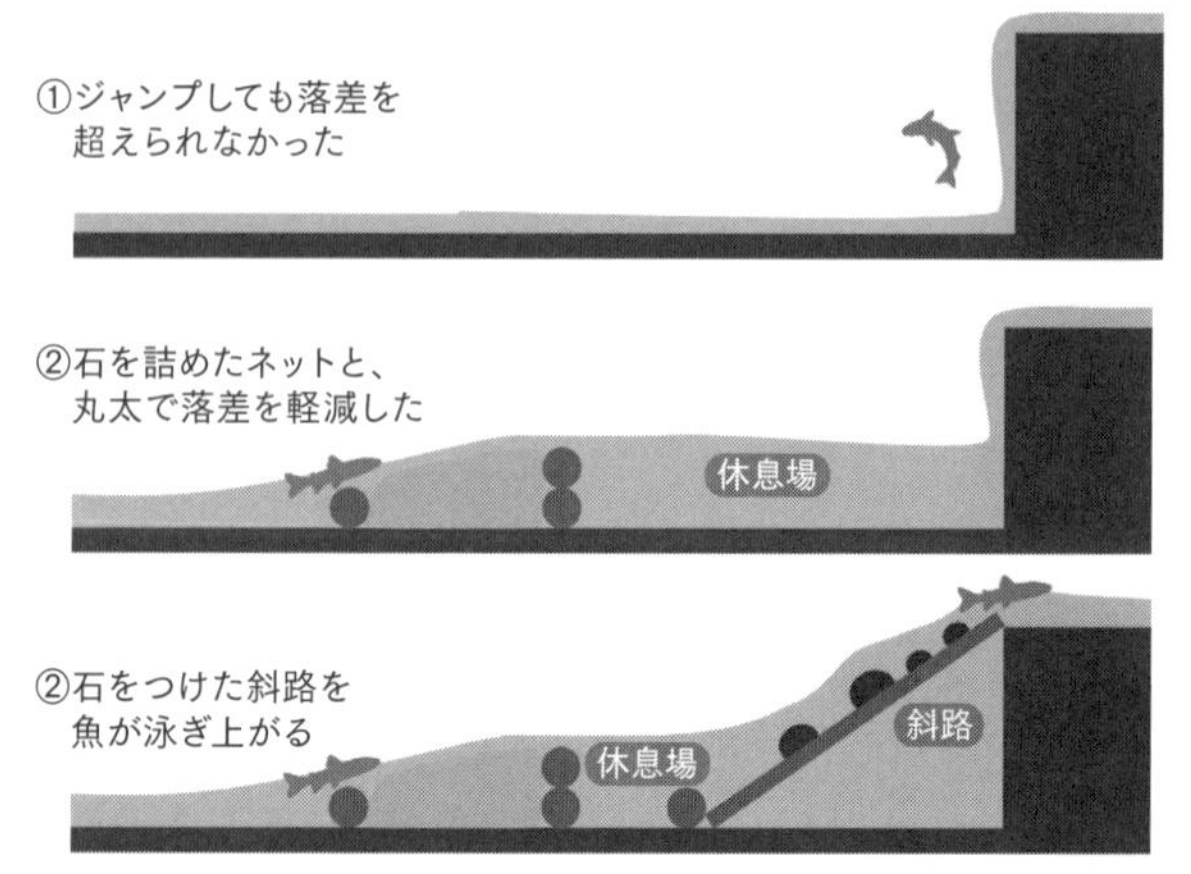

図1　「副堤」タイプの手づくり魚道の模式図（駒生川に魚道をつくる会提供）

写真3　駒生川の落差工に手づくりされた魚道の模型。石を詰め込んだプラスチックネットと丸太を据え付ける「副堤」タイプ（右）と、「堰板」を配置するタイプ（左）がある

後外れてしまった)。

設置費用は1基20万~30万円。買うのはアンカーボルトやプラスチックネット程度で済む。人件費もかからない。公共事業と比べれば破格の安さである。

最大のハードルは、魚道の設置許可を取ることだった。国(北海道開発局)と道、美幌町、その三者の同意を取り付けねばならない。橋本さんや神保さんら「つくる会」のメンバーは、魚道の設計図面など分厚い書類を手に、あちこちの役所を説明に回った。そして、網走川の下流の漁協にも。

最も住民に近い役所である美幌町は理解を示し、「つくる会」の「保証人」となることに同意した。当時、建設課の係長だった小西順さん(1958年生まれ)は振り返る。

「住民が川に工作物を造るなんてそれまでなかった。正直、こんな施工で、雨が降っても大丈夫かとは思いましたよ。でも、橋本さんらつくる会の人たちがとにかく熱心だし、何かあっても会で対応すると言っている。町からのお金の持ち出しもない。これならまあ、と上司に相談したら、いいんでないかということになって」

実は小西さんは、町役場に入る前、民間のコンサルタント会社で勤務し、道の事業で駒生川に設置した落差工の設計に携わった経験があった。その際には、土地改良の旗振り役だった橋本さんの協力も受けたのだという。「その橋本さんが、まさか魚のことを言い出すとは思わなかった」と小西さん。「落差工を造った時代は、魚のことを考える時代ではなかったんだな。自分がかかわった川で、住民が魚道をつくると言い出す時代が来るとは、運命的なものを感じました」。

美幌町では前述のように「川の町」を標榜し、住民団体「魚無川をきれいにする会」による川掃除といった河川環境保全の実績があった。これが、住民による魚道づくりを「公」がサポートしてゆく下地になったと神保貴彦さんはみる。

川へ入る

北海道開発局からは魚道の強度を示す構造計算書の提出も求められた。石や木でつくる簡易魚道は、コンクリートや鋼板の躯体と違って公的な技術基準がない。役所は「簡単には壊れない」「洪水が安全に流下する」「落差工の上流側には影響がない」という根拠を求めたのだ。神保さんは岩瀬さんの協力を得て、何度か差し戻しも受けながら書類をつくり、町役場を通じて提出して、最終的に魚道設置（河川占有）の許可を取り付けたのだった。

記念すべき1基目の手づくり魚道は、２０１１年4月23日に施工された。

橋本さん、神保さんをはじめ、「つくる会」の会員ら総勢23人がボランティアとして作業に当たった。コンパネや土のうで流れをせき止め、胴付き長靴をはいて流れに立ちこみ、丸太と、自然石を入れた袋を固定してゆく。岩瀬晴夫さんの指導の下、作業は1日で終わった。橋本さん夫妻らの地道な準備があってのことだったが、公共事業では考えられない「スピード施工」だった。

そこから、魚道づくりは一気に加速した。

翌2012年8月までに、「つくる会」は6基の魚道を完成させる〔写真4、写真5〕。うち2基は「つくる会」と美幌博物館が「美幌川自然再生プロジェクト協議会」をつくって事業主体となり、残る4基は東京農業大学オホーツクキャンパスが主体となって資金を賄い、設置許可はいずれも「つくる会」が取った。

写真4　駒生川での魚道づくり作業。簡易な構造ゆえ、準備を入念にしておけば設置作業はほぼ1日で終わる＝2012年4月（駒生川に魚道をつくる会提供）

写真5　駒生川の落差工に取り付けられた「副堤」タイプの手づくり魚道。石を詰め込んだネット（副堤）により落差工の直下にプールができている（駒生川に魚道をつくる会提供）

２基目以降は、石をくるんだネットを「副堤」として置き、前後を丸太で固定したタイプ、落差工の下流側に角材を積み上げた「堰板（せきいた）」４枚を配置したタイプ〔写真３左側〕と、構造にバリエーションをもたせたが、設置許可を取るまでには１基目と同様に、役所とやり取りを重ねねばならなかった。「前例主義」とされる日本の官公庁を動かすのは「実績」だが、流域住民の安全にかかわる河川という領域において、市民が「実績」をつくるのは生半可なことではない。技術基準どおりに設計された公共建築物だけを相手にしてきた行政マンに、「手づくり」は難題なのだ。

一連の作業を通じて駒生川へ入ったボランティアは総勢約２３０人に上った。「つくる会」の神保貴彦さんは振り返る。

「参加者の多くは、水のなかでの作業など経験がなかった。１人では水の流れを変えられないことも知りました。水圧に耐え、水の挙動をじかに感じ、自分と仲間の手でモノをつくり上げる。肉体的にはつらくとも、楽しい作業だったはずです」

そうして川に入り、汗をかいた一人に、美幌博物館で脊椎動物を担当する学芸員、町田善康さんがいた。魚道づくりを実現させたキーマンの一人だ。施工当日はもちろん準備段階から素材をそろえ、現場を整え、施工の段取りや連絡調整をするハードワークを、橋本さん夫妻と一緒にこなした。完成すれば毎日のように魚道を見て回り、無事を確認する。その熱意は、「魚を自由に上流へ上らせてやりたい」というシンプルで強い思いから生まれている。

町田さんは１９８０年、東京都八王子市生まれ。子どものころから川遊びが大好きで、毎日のように川へ行っては、アブラハヤなどの淡水魚を釣って遊んだ。魚信に心躍らせたそのころのマインドをもち続け、魚を研究したいと東京農業大学オホーツクキャンパス（網走市）の生物産業学部に入り、北海道大学大学院水産科学研究科修士課程へ進んで淡水魚トミヨの仲間を研究対象に選んだ。川と、そこに生きる命を深く愛する心の持ち主であり、川の生き物を調べる技術を持ち合わせている。

その町田さんの調査で、魚道設置の効果ははっきりと確かめられたのである。

回復した遡上

町田さんは協力する仲間とともに、駒生川の上流域、つまり最も上流にある落差工よりさらに上で、サケ科の魚の産卵床（礫を掘って卵を産み付けてある箇所）を継続的に、丹念に調べ続けている。魚道を設置する前の２００９年11月と２０１１年12月には各１日間、魚道設置後の２０１２年以降は8月下旬から12月上旬まで約２週間に一度の頻度である。さらに魚道設置前の２００９年から毎年10月、落差工の間や下流も含めた5カ所で魚類の生息個体数を調査している。[*6]

その結果、最上流の落差工より上流域では魚道設置前の２００９年と２０１１年にはサクラマス、イワナとも産卵床がまったく確認できず、ハナカジカとシベリアヤツメだけだったのに、２０１２年以降はサクラマス、イワナの2魚種とも産卵床が毎年見られるようになり、２０２１年にはサクラマスで50、イワナで30を超えた［表1］。また生息個体数調査では、最上流の落差工より上の区域で２００９年にサクラマス、イワナの生息が確認できなかったのに、２

表1　駒生川上流部でのサケ科魚類産卵床調査の結果

	サクラマス	イワナ	サケ
2010	0	0	0
2011	0	0	0
2012	14	1	0
2013	7	3	0
2014	5	3	0
2015	12	3	0
2016	10	4	0
2017	11	9	0
2018	22	7	0
2019	6	11	0
2020	3	33	0
2021	53	31	0

013年からはサクラマス、設置5年後の2017年にはイワナも確認されたのである［写真6］。「生態系が劇的に回復している」。町田さんは手ごたえを感じた。

ダイナミックに流れを上るサケの遡上も2013年、落差工のある区間で40年ぶりに確認された［写真7］。上流域では産卵床こそ確認されていないが、いくつか手づくり魚道を越えてきたのである。町田さんとともに駒生川に入り、戻ってきた魚たちの姿を目にして、橋本さんは感無量の思いを禁じえなかった。落差工が設置されて以降、中上流域で途絶えていた魚の姿が、「ふるさとの川」に戻ったのだ。

町田さんも加わる研究者らのグループ「北海道淡水魚保護ネットワーク」が2014年、「手づくり魚道」をテーマに美幌町で開いた「北海道淡水魚保護フォーラム

写真6　駒生川最上流部で確認されたサクラマスの稚魚を手にする橋本光三さん。手づくり魚道によって「命の環」がつながったことを知り、目から涙がこぼれた＝2013年4月（駒生川に魚道をつくる会提供）

写真7　手づくり魚道を通り、駒生川に上ってきたサケ。落差工設置区間での河川遡上の確認は実に40年ぶりだったという＝2013年10月（駒生川に魚道をつくる会提供、北海道の許可を得て捕獲）

in美幌」の資料で、橋本さんは魚影の復活を見た当時の感慨をこう記している。[*7]

２０１３年春には、最上流でサクラマスの稚魚に対面した時は、涙がでました。産卵のために身をくねらせて土手をよじのぼるサケを見てから20年が過ぎました。40年間、魚が上れない川から一部の魚でありますが、最上流まで上がれる川に変わったのです。今後の魚類調査の結果を見ながら魚道の修理や改善を進めていきたいと思いますが、今回の魚道づくりに多数の皆さんのお手伝いなしでは実現できませんでした。皆さんに感謝です

障害を越えて魚が川の上流まで上れば、魚を餌とする猛禽類や、ヒグマなどの哺乳類の餌も増える。駒生川の上流部では魚道設置以降、オジロワシが確認され、サケ科魚類の遡上期にはヒグマが現われるようになった。魚を介した生き物のつながり、自然の「環(わ)」が結び直されているのだ。

取り組みを公に

こうして駒生川には魚の姿が戻ってきた。ただ、浜中町の三郎川魚道より簡易な構造の駒生川魚道は、大雨で水かさが増せば壊れることはもちろんあった。土のうや石を入れた袋は水流にさらされて痩せていく。砂利詰め、石詰めが必要になる。

「つくる会」はそのたびに補修や改良を行なった。2013年は実に7回も川に入って作業している。それだけでなく、三面張りのコンクリート護岸の河床に、自然石を入れたプラスチックネットを固定して、流速や水深に変化をもたせ、さまざまな生物が生息できるような環境づくりも進めた。

作業を行なううえで、最大の課題は資金だった。補修のたびに10万円単位でなくなる。「つくる会」の会費だけでは到底賄えない。橋本さんと町田さんは、民間の助成金を申請すると同時に、取り組みを公表して、各種の表彰事業に名乗りを上げて賞金の獲得を目指すことにした。それは見事に功を奏し、駒生川の魚道づくりは、実にさまざまな表彰を受けたのだった。

2012年　美幌町善行賞
2013年　土木学会北海道支部地域活動賞
2014年　土木学会市民普請大賞特別賞
2016年　国土交通大臣表彰手づくり郷土賞国土交通大臣賞、生物多様性アクション大賞入賞、北海道新聞エコ大賞奨励賞
2018年　日本水大賞環境大臣賞
2021年　国土交通大臣表彰手づくり郷土賞大賞部門

第1章で取り上げた浜中町の三郎川魚道は、希少種イトウの保護の観点から関係者が取り組

写真8　駒生川を舞台にした環境教育で、子どもたちに川の生き物について説明する町田善康さん。子どもたちも興味津々だ＝2017年7月（網走川流域の会提供）

みを広報してこなかったが、駒生川魚道はそうした制約もなく、「つくる会」は情報をオープンにしてきた。「つくる会」の取り組みはマスコミでもたびたび報じられ、手づくり魚道に対する社会的な認知を高めたのである。

一方で「つくる会」は、魚道や河畔林をテーマにした講座や展示会など、美幌博物館の事業に協力して、地域住民が川にかかわる機会を増やしてきた。駒生川に隣接する小学校では2012年から年4回、博物館の協力を受け、総合学習の一環で、駒生川を「教室」として生き物の観察や魚とりなどを行なっている〔写真8〕。また、町内には小規模な自然再生に関心をもつ人びとが全国各地から視察に訪れて、2014年には駒生川を参考にした簡易魚道が富山県でつくられている。*8

一連の活動を、町田さんはこう振り返る。「初めのころは奇異な目で見られもしたけれど、取り組みが知られるようになって、地域の人が好意的に見てくれるようになった。『つくる会』の会員も、補修などの作業に加わってくれる人も大きく増えてはいないけれど、関心を持つ人は増えてくれたと感じます」。

手づくり魚道への社会的な認知を高めること。それは、「簡易魚道のその先」をにらんだ橋本さんや町田さんの戦略でもあった。魚道設置の取り組みを他の川へも広げ、また駒生川の簡易魚道を恒久的な魚道へと移行させる、という道を開くための。

恒久的な魚道へ

簡易魚道の維持管理の必要性は、川に人が集まる機会となり、川に対する関心を高める場となっている。ただ、手づくり魚道はあくまで簡易なもので、橋本さんは「素材が自然石や木材だから、10年もてば、と思ってきた。どうにか補修してもたせてきたが、かなりガタが来ている。『その先』を考える段階に来ている」と語る。

他方、「つくる会」の会員の年齢は上がり、日々の巡視点検、破損時の補修といった維持管理の負担は重くなっている。維持管理の資金調達も容易ではない。

「つくる会」の神保貴彦さんは、10年を超す経験を踏まえて、「仮設魚道をつくる際に考えるべきこと」は次の二つだという。

一つは、魚道の設置効果の検証だ。せっかくつくっても効果が明らかでなければ意義が失われてしまう。駒生川では、町田さんらの10年以上に及ぶ調査を通してそれを明らかにした。二つ目は、最終目標を見定めておくことだ。「つくる会」では、仮設魚道はあくまで一時しのぎであり、最終的には「恒久的に魚が上れる環境づくりを目指す」と定めた。

魚道の設置効果や意義が広く社会に認められ、公共性が認知されれば、公共事業による恒久的な魚道設置に移行していくことが不可能ではなくなる。

この「恒久的な魚道設置」への移行へ向けて、橋本さんや町田さんは今、行政への働きかけなど取り組みを深めようとしている。

その「呼び水」と位置付けたのが、駒生川と同じ美幌川の支流、福豊川である。

ここでも土地改良事業により27基の落差工が設けられていた。このうち18基は1998〜2002年に道の事業で魚道が設けられたが、中流域の9基は未設置だった。これを何とかしようと、橋本さんや町田さんらは、流域の農家を巻き込んで2014年に「福豊川に魚道をつくる会」を立ち上げ、福豊川の支流にあった落差工1基に2015年、魚道を手づくりしたのだった。

これに合わせて美幌博物館が道などと協力して福豊川流域の魚類調査を継続的に行ない、落差工9基が、サクラマスやイワナといった魚の遡上の妨げになっていることを明らかにした。この結果を踏まえて、9基では2019年から道の事業による魚道設置工事が始まり、落差を小さくして大石を配置するなど、魚が上れる構造への転換が図られている[*9]［写真9］。

駒生川の簡易魚道も、そのような恒久的魚道に転換させられないか。「駒生川に魚道をつくる会」は町役場と協議しながら、その可能性を模索している。2023年5月には、サケなどの大型魚を含め多くの魚が上ることのできる恒久的な魚道の整備を求める要望書を町に提出し

写真9　公共事業によって魚が遡上できるように整備された福豊川の落差工。段差を設けて落差を小さくし、大石を配置して流れに変化を生み出している＝2022年7月

た。

神保さんはこう続ける。

「魚道の効果が証明できて、自然にかかわっていこうという住民の熱意を示せれば、川の環境を恒久的に良くするための道が開けるかもしれない。駒生川の取り組みは、それを社会に実例として示したと思います」

流域を結ぶ

農業者が川の生き物に注目した美幌町での魚道づくりには、川を通してつながる沿岸の漁業者からもエールが送られた。２０１６年には、網走の二つの漁協で構成する「網走川流域応援団」から、「駒生川に魚道をつくる会」が「応援証」を受けたのである。網走川流域の豊かな自然環境との共存や、環境負荷の低減に努力していることに「敬意を表する」というものだ。

もともと駒生川や美幌川がつながる網走川の流

域では、流域全体で産業と自然環境の調和を目指す動きが早くからあり、2015年には流域の農協・漁協・森林組合や住民、行政、企業などで構成する「網走川流域の会」が発足している。持続可能な流域社会の構築を目指して、シンポジウムの開催や河川清掃、マイクロプラスチックの調査などを手掛けており、「駒生川に魚道をつくる会」会長の橋本光三さんは、この会の副会長を2019年まで4年間務めた。

「自然環境の保全を抜きにして、農林漁業は成り立たない時代になった。環境を大事にしなかったら北海道はやっていけない」と橋本さんは言う。「流域全体に環境意識を広げていかねば。これは駒生川だけでとどまる取り組みじゃないんだ。簡単ではないが、関心をもっている人はいると思う。問題は行動に移すかどうかだ」。

「自然の環」とともに、手づくり魚道はこうして「人の環」を結んできたのだった。

町田善康さんはいま、「つくる会」の取り組みを通して得た「人のつながり」を生かして、新たな魚道のアイデアを美幌町内で試している。水田に引き込む水を温めるために設けられたため池と、そこから川につながる側溝を結ぶ、鉄管とコンパネを使ったポータブル式の簡易魚道だ。ため池から側溝に落ちたドジョウなどが他の魚に食われたりするのを防ぎ、ため池に戻そうという狙いだ。

ため池に水が張られる季節だけ設置し、終われば撤去できる。数人いれば作業できる。駒生川魚道のような「水辺の小さな自然再生」と呼ばれる取り組みの技術研修会で、町田さんが香川県の研究者から教えてもらった実践例を援用したものだ。

自然再生への思いを共有する人びとがつながり、それぞれの「地域の技術」を持ち寄り、それを試みる場を広げようとしているのである。

ふるさとの自然を

橋本光三さんは、80歳を超えた今も毎朝のように自分の山へ行くという。病気で手足の動きがままならないが、良い木を1本でも育てたいとカラマツの枝を打ち、幹に巻き付くツルを切る。この作業をできるだけ長く続け、自然にかかわっていたいと、日ごろ手足のリハビリにも精を出す。

「もう農業はできないけれど、生きている限り、自然の循環の一部になっていたい。生きている限りは、ふるさとの自然を大事にしたいんだ」。そう言いながら、橋本さんは自宅の窓外の丘陵を覆うカラマツ林に目をやった。

私が北海道で出会った農家で、自然環境の保全や再生を積極的に言う人は決して多くはなかった。圧倒的な自然の力を前に苦闘してきた北海道開拓の歴史、生活の厳しさに直面してきた精神風土が背景にあるのだと思う。ただ、21世紀を迎えて時流は変わってきた。

時に異端視されつつも、「ふるさとの自然」への強い思いを抱き続けた橋本さんのような人を中心に、神保さんや町田さんのように立場の異なるキーマンがそろい、「人の環」がつながったときに、手づくり魚道のような自然再生の試みが現実のものになる。一つひとつの規模は小さくとも、それは人と自然のかかわりに新しい道を開くものだろう。

前述したように、このような取り組みは今、「水辺の小さな自然再生」と呼ばれている（『小さな自然再生』研究会の取り組み」参照）。

川における魚類の遡上環境の改善は、「後付け」で魚道を設ければ済む話ではない。本来は施工時点で生物にも配慮した治水や利水の技術が求められていたのであり、環境保全よりも経済成長が重視された時代にはその視点があまりに希薄だった。そうした治水や利水を軌道修正する時代に私たちは生きている。

その軌道修正を行政任せにせず、地域の自然に触れる機会の多い住民が、実践を通じて、自分たちにとって望ましい川づくりの方向性を行政機関に提言し、協働して技術を変えてゆく。その試みが、「水辺の小さな自然再生」なのだと私は思う。

次節では、公共事業による「大きな自然再生」が進められる北海道釧路地方において、「民」が先導するかたちで魚たちの遡上環境をすみやかに改善し、それが公共性をもつ自然再生事業として認められた事例に目を向けてみよう。これもまた、元をたどれば浜中町の三郎川魚道につながるのだ。

民がつなぐ環——釧路地方・釧路川支流

流れる水のなかで

2022年7月30日。いつもは人の気配のない北海道釧路地方の山あいを流れる川に、にぎやかな声が響いていた。

「そっち持って！」「穴の位置合いました！」「ボルト締めますよ」

まぶしい日差しを浴びて空へ伸びるデントコーン（飼料用トウモロコシ）畑の傍ら、夏草に囲まれて流れる幅３mほどの釧路川の支流[*10]である。盛夏でも冷たく澄んだ流れに、胴付き長靴をはき、肘まであるゴム手袋をつけた男女約20人が立ちこんで、一心に作業をしていた。

ドウドウと水が流れ落ちる音がする。川には、土地改良事業で設けられた高さ１・５mの落差工がある。そのコンクリート堤体の下流側で、集まった人びとは苦心しながら、角材を組んで壁のようにした「堰板（せきいた）」と呼ばれる構造物を据え付けているのだ。

堰板は中央部、そして左岸側、右岸側の３つのパーツに分かれている。これを横１列に並べて連結し、川幅いっぱいに流れを横切る形、つまり流れ下る水をせき止めるように取り付ける。流水の水圧に耐えながら、「せーの」と呼吸を合わせて重たい堰板を持ち上げて立て、その両端を、河畔のコンクリート護岸に取り付けた木製の台座に固定する。さらに、カベの下流側に「支え」となる角材を積み上げて固定してゆく。

皆、水中での土木作業のプロではない。地元の釧路自然保護協会の会員、環境省や自治体、環境団体の職員、大学生など、日ごろ水にかかわる仕事や土木作業とは縁遠い職業に就く人ばかりだ。素人なりに懸命に、部材を運び、レンチでボルトを締めあげて、堰板を組み上げる。私も水に入り、それらの「人の環（わ）」に加わった。

小さな川でも、入ってみればそれなりの水圧がある。上流に土のうを積むなどして流れをせき止めてはいないので、水流をさえぎるような構造物を据える作業はたやすくはない。堰板は、あらかじめ現場の川の断面に合うように組んであったが、据えてみると微妙に合わない部分がある。

「角度が合いませんね。角材を切りましょう」

釧路自然保護協会会員の上畑勇騎さん（1983年生まれ）が、チェーンソーで堰板の角材を切断して、うまく設置できる形に整えた。魚道の設計と施工指導にボランティアで当たる河川技術コンサルタントの岩瀬晴夫さんがこともなげにうなずく。設計図どおりに組み立てた部材と現場の状況は、必ずしも合致しない。それは当たり前のこと、やってみて不具合があるようなら補修すればいい、と言わんばかりに。

最上流部へ

予定した位置に合わせて、高さ1・1m、70cm、40cmの3つの堰板を、落差工の下手に4～5m間隔で設置するには、休憩をはさんで5時間弱を要した。

終わってみると、それは見事な「簡易魚道」となった。上流から下流へ向かって低くなる3つの堰板で水がせき止められて、みるみる落差工の下手に3段のプールができた。落差工から落ちてきた水は直下のプールにたまってやがてあふれだし、堰板を乗り越えて次のプールへと流れ下る。堰板の上端中央はV字型に切り下げてあり、魚たちはそこから上流へ向かうことができるのだ［写真10］。

写真10　釧路川支流の落差工9基のうち、最上流の落差工に完成した手づくり魚道。「堰板」3枚を据えて3段のプールを設け、落差を小さくしている＝2022年7月

角材の隙間から水が抜ける箇所には、作業に加わった人たちが河床の砂をさらってつくった土のうを積み上げて止水した。落差工と、直下のプールの水位差は40～50㎝に縮まった。遊泳力のあるサクラマスのような魚なら、水深が1ｍほどあるプールで勢いをつけてジャンプし、落差工を乗り越えることができるだろう。

この支流には、6㎞ほどの区間に9基の落差工がある。本章前節で触れた美幌町・駒生川の落差工と同様に、それらは農業の生産性や治水安全度の向上に貢献した半面、遡上しようとする魚たちの前に立ちはだかってきた。それを何とかしたいと、釧路自然保護協会が流域の住民らと協力して、下流側の落差工から簡易魚道の手づくりを始めたのは2018年のことだ。

それから4年を経て、今回、最も上流部にある9基目の落差工に簡易魚道が取り付けられた。魚たちはようやく、産卵や稚魚の成育に適した自然

写真11　釧路川支流に手づくりした魚道の前に立つ野本和宏さん。「大きい魚も、小さい魚も、自由に川を行き来できるようにしたい」との思いは強い＝2022年7月

環境の残る最上流部へ達することができるようになったのだ。

川を自由に

「支流の最上流部は、魚の産卵に適した自然河川にちかい環境が残っています。皆さんの力で魚道ができたことで、そこにサクラマスが上るようになるはずです。数十年上っていない場所に、サクラマスが戻るでしょう」

作業を終えて河畔に集まった私たちを前に、釧路市立博物館の学芸員野本和宏さんは、満足げな笑みをたたえながら、いつもどおりの訥々とした口調で語った［写真11］。10月以降、今回魚道を設置した落差工のコンクリート堤体を削岩機で削り、20㎝切り下げるという。堤体を削るとは！　と驚いた。そうなれば直下のプールとの水位差は20〜30㎝に縮まり、サクラマスより遊泳力の乏しい魚も上ることができるようになる。

大きな魚も、小さな魚も、この川を自由に行き来できるようにしたい。魚と川を愛する野本さんの願いが、この支流での手づくり魚道の出発点だった。

野本さんは1980年長野県生まれ。博物館では水棲動物を担当する。北海道の自然に惹かれて郷里を離れ、東京農業大学オホーツクキャンパス（網走市）の生物産業学部で学んだ。前節で紹介した美幌博物館の町田善康さんと同窓である。4年生のころ、斜里川で体長1mを超す大型淡水魚イトウに魅せられた。ちょうど産卵期。魚体は目にも鮮やかな紅色の婚姻色に染まっていた。自然が生み出すその絶妙な色合いに惹きつけられて、野本さんはイトウを研究対象に選んだのだった。

第1章で触れたように、イトウは戦後の土地開発のなかで生息数を大きく減らし、「幻の魚」と呼ばれるようになった。野本さんは北海道大学大学院環境科学院の修士課程、博士課程へと進み、道東を中心にイトウの生息河川を丹念に歩いて分布状況や生息環境を調べた。弱い電流を水中に流して魚を捕る「エレクトリックショッカー」などの調査用具を車に積み込んで林道を走り、ヒグマの出没する人里離れた川を、たった1人で歩きまわる孤独な作業である。そうして地道にデータを集め、何がイトウを減らす原因となったか、何を改善すれば生息数を増やせるのか、野本さんは探り続けてきた。

第1章で紹介した浜中町の三郎川も、野本さんの調査河川の一つだった。私が野本さんと初めて出会ったのは彼が大学院生のころだ。三郎川の取水堰が、イトウの産卵に適した上流部への遡上の障害になっている可能性が高い。野本さんが私にそう告げたことが、酪農家を中心と

写真12　釧路川水系に生息する巨大淡水魚イトウ。遡上の障害となる構造物にはばまれて、産卵が確認できる支流は減ってきた（大本謙一さん撮影）

する住民による魚道手づくりの出発点となった。

その経験を踏まえて、野本さんは釧路川のなかでもイトウの生息にとって重要と思われるこの支流に、魚道を手づくりできないかと思い立ったのだった。そう、自分たちの力で。

9つの障害

野本さんの研究によると、釧路川水系では1950年代に約30の支流（支川）でイトウが生息・繁殖していたが、現在は5つの支流でしか産卵が確認できないという［写真12］。イトウの個体群の保全には、産卵場所となる支流の環境が良好な状態で保たれていることが最も重要で、落差工をはじめ遡上障害物がイトウの再生産を制限する要因の一つとなっている[*11]。

今回魚道設置の対象に選んだ支流のイトウは、釧路川の本流や他の支流のイトウには見られない、祖先の型にちかいタイプの遺伝子をもっていることがDNA分析でわかった。この支流のイトウを、とりわけ優先して守りたい。野本さんはそう考えた。

野本さんが2016年に始めた調査によれば、この支流のイトウは当時、9基ある落差工のうち最も下流の落差工の下で産卵していた。そこには、産卵に適した礫（れき）のある場所がわずか3㎡しかない。産卵はこの狭いエリアに集中し、前に産み付けられた卵が後から来た親魚に掘り返されてしまう。これでは再生産が安定しない。

一方で、落差工設置区間の上流部は、河畔林のなかをうねうねと蛇行して瀬や淵が形成されており、河床には礫がある。イトウはもちろん、サケやサクラマスなどの産卵や、稚魚の成育に好適な自然環境が5㎞ちかく残っているのだ。魚たちの安定的な再生産には、9つの遡上障害を改善してそこへ上らせることが重要だった。支流ではウグイやエゾウグイ、フクドジョウ、ハナカジカといった魚、サケ科魚類の鰓（えら）に幼生が付着して移動するカワシンジュガイ（環境省レッドリストで絶滅危惧ⅠB類＝ⅠA類ほどではないが、近い将来における野生での絶滅の危険性が高いもの）も確認されている。

落差工のうち、4基は高さ1～1・5mのコンクリート堤体を垂直に立てた「直下型」、残る5基は河床にコンクリートブロックをはめ込んだ「斜路型」と呼ばれるタイプだ。1980～1990年代の国営土地改良事業により、流域の耕作地に水がつくのを防ぐため中下流を直線化してコンクリートで護岸したうえで、流水の流速を落とすために取り付けられたものだ。

人口増や食料難に直面した戦後の北海道において、農業の生産性を上げ、利用可能な土地を広げる開発の圧力は大きかった。それは当時の社会の要請であったのだが、日本最大の湿原である釧路湿原を流れる釧路川水系の姿を大きく変えたのだった。

「大きな自然再生」

釧路湿原は面積約2万5800ha。よくあるたとえを使えば東京ドーム5490個分もの広さである［写真13］。ヨシやスゲ類の低層湿原、ミズゴケの生える高層湿原が広がり、幾本もの川が流れて大小の湖沼が点在する。高台の展望台から望めば、茫漠と広がる湿原景観に圧倒される。かつては海だった場所に土砂や泥炭が堆積して、約3千年前に今の姿となった湿原は、長く人間の侵入を拒み、たび重なる水害や夏場の低温、濃霧により、農耕の難しい「不毛の地」として原始にちかい姿を保ってきた。

しかし、近代の土木技術は激しく蛇行していた川を直線化し、排水工事で地下水位を下げ、湿原を乾燥させて農地や市街地に利用することを可能にした。20世紀に入って以降、特にこの半世紀ほどで開発は急激に進み、森林の伐採や河川の直線化が招いた大量の土砂の流入もあって、湿原の面積は2010年までの60年間で約2割も減った。ヨシやスゲ類よりは乾いた土地を好むハンノキの林が広がり、国の特別天然記念物タンチョウ（環境省レッドリストで絶滅危惧Ⅱ類＝絶滅の危険が増大している種）や、釧路市指定の天然記念物キタサンショウウオ（同絶滅危惧ⅠB類）、そしてイトウといった生き物の生息が脅かされてきた。

その自然を回復させる自然再生事業が始まったのは、21世紀に入ってすぐのことである。少し硬い話になるが、経過を概観してみよう。

水質の保全、水害の抑制、生物多様性の保全など、湿原のもつ価値に本格的に光が当たったのは20世紀の後半以降だった。釧路地方でも、研究者や住民有志が調査を重ねながら釧路湿原の無秩序な開発にブレーキをかけた。釧路湿原は1980年に「特に水鳥の生息地として国際的に重要な湿地に関する条約」（ラムサール条約）の登録湿地となり、1987年には国立公園に指定されて環境保護の機運が高まる。2001年には行政機関や有識者らでつくる「釧路湿原の河川環境保全に関する検討委員会」が、植林や直線化した釧路川の再蛇行化などを提言し、湿原の保全・再生が公共事業として動き出した。

2002年に国が策定した「新・生物多様性国家戦略」で「自然再生」は国家レベルの課題と明確に位置付けられ、翌2003年、自然再生推進法が施行された。釧路地方ではこの年、早速この法律に基づいて官・民・学による「釧路湿原自然再生協議会」がつくられ、釧路湿原の自然再生事業のグランドデザインともいうべき全体構想の策定や、これに基づいて官公署などが進める再生事業の実施計画案の協議といった役割を担うこととなった。

全体構想によれば、再生事業は釧路川水系の集水域（分水嶺から河口までのすべての流域）を対象範囲としており、面積は25万1000haと釧路湿原の面積（2万5800ha）の10倍にもなる［図2］。「釧路湿原をラムサール条約登録前の状態に戻す」ことを目標に、「湿原・湖沼生態系の保全・再生」や「河川環境の保全・再生」といった施策を進めるべく、協議会は「湿原再生」「森林再生」「水循環」などの小委員会を設けて実施計画について討議している。

具体的な事業は、直線化した河川の再蛇行化をはじめ、地盤の切り下げや未利用排水路の埋

写真13　空から見た釧路湿原。豊かに水をたくわえ、多くの命を育む広大な湿原だが、開発による面積の縮小や乾燥化が問題になってきた（釧路湿原自然再生協議会提供）

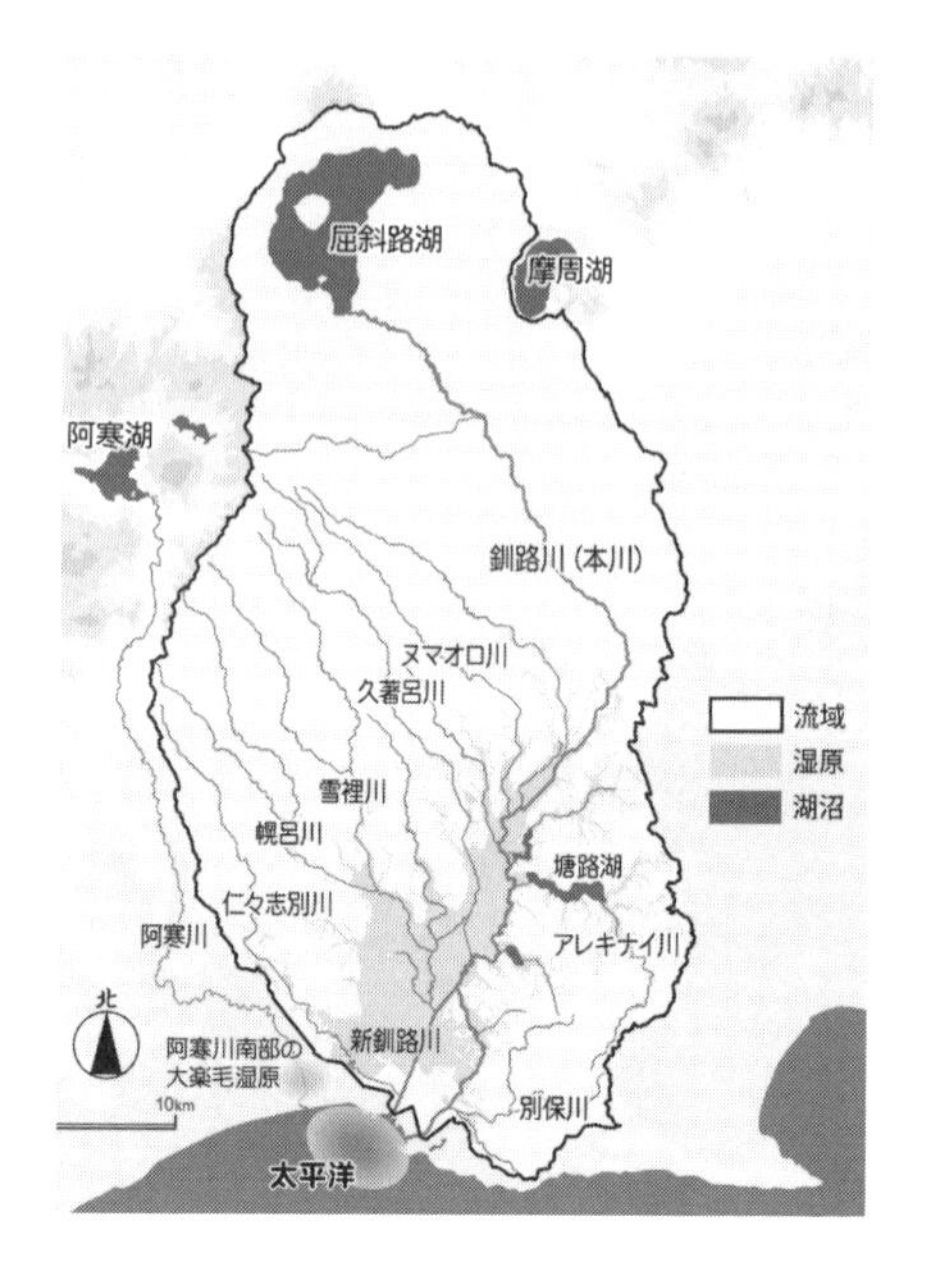

図2（上）　黒い線で囲まれたエリアが釧路湿原自然再生事業の対象区域。約25万haに及び、釧路市など5市町村にまたがる（釧路湿原自然再生協議会提供）

図3（下）　釧路湿原自然再生事業の一環で、釧路湿原の茅沼地区で実施された河川の再蛇行化の状況（釧路湿原自然再生協議会提供）

め戻し、ハンノキ林の伐採試験、ササの除去や地元種子から育てた広葉樹の植林、土砂流入を防ぐ調整地の設置など、多くは千万円、億円単位の費用を投入する公共事業だ［図3］。NPOなど民間も一部を担うが、基本的に国土交通省、環境省、林野庁などが実施主体となり、長い時間をかけて進める「大きな自然再生」である。*12

民との協働を

事業開始から約20年。関係機関からは、湿原への土砂流入やハンノキ林の減少、蛇行復元区間での魚類の種類・個体数の増加といった事業実施の効果が報告されてきた。*13 ただ、大規模な自然再生は前例のない事業だ。効果は広い視野から長い目で見て検証する必要があるだろう。事業開始当初には、これは「開発から環境保全へと、方向を逆向きにした巨大な公共土木事業」でもあり、道を誤れば新たな自然破壊につながりかねない、単なる公共事業の「仕事づくり」に終わりかねないと懸念する声もあった。*14

ここではその検証に踏み込まないが、突き詰めれば、自然を制御することを重視してきた技術を、自然本来の動きと折り合うように転換することは本当に可能なのか、という問題だと私は思う。水の自然な動きによって生じる河川の蛇行とそれがもたらすものを、人為的な工事で再現できるのか、というように。

そして、自然を改変するのと同じように巨額の公費を投じて、自然再生という難しい試みをすることの意義や恩恵が、はたして納税者たる住民に実感されているか、という点もまた問われてきたように思う。

２０１０年から釧路湿原自然再生協議会の会長を務める中村太士・北大大学院農学研究院教授は、２０１５年４月の北海道新聞のコラムで次のように書いている。[*15]

再生事業の成果が地域の人たちにはあまり知られていないと感じていた。どこか日常とは違う場所で、行政が実施していることと思われているのではないか。湿原や川の生物に思いがある人にとって、こうした試みは評価されるのであるが、一般の人たちにとって、これらの事業が生業や日々の生活にどのように関わっているのかが見えないのである

全体構想で定めた施策には、「市民参加の推進」や「環境教育の充実」も掲げられていたが、市民の目から遠い存在になっている感は否めない、という指摘だ。このような問題意識は再生協議会の構成員に共有され、２０１５年、10年ぶりに改訂された「釧路湿原自然再生全体構想」には次の文言が織り込まれた。[*16]

釧路湿原の自然再生は、過去に損なわれた自然を積極的に取り戻そうとする取り組みですが、地域社会の視点からの必要性の認識や、地域の生活や産業と関わるような取り組みはまだ芽生えてきていません。これらを踏まえ、今後の方針としては（中略）

釧路湿原自然再生に対する市民への理解を深めていくことが求められます。また、民から官まで各層がそれぞれの立場であるいは協働して自然再生に努力できる運営を目指す必要があります

協議会では「自然再生を通じた地域づくりの推進」小委員会を新たに設け、地域に根差した自然再生事業を進めることとなった。

この全体構想の改訂のその先に、自然再生協議会の委員である釧路市立博物館の野本さんから、湿原を流れる河川での「魚道の手づくり」というアイデアが浮上してきた。それは地域の「人と自然のかかわり」の再生へのステップとして、協議会会長である中村さんの心をとらえたのだった。

設置許可

野本和宏さんが、魚道を設置した支流の落差工の位置と基数を現地踏査で正確に知ったのは2017年のことだった。

この支流の貴重なイトウを守るには、落差工への魚道の設置を急ぐことが重要だ。けれども公共事業で行なうならば、調査や計画立案から事業の実施まで、かかる時間は長くなってしまう。公共事業の技術基準に沿って設計、施工されるので費用は膨らみ、小さな川には不似合いな仰々(ぎょうぎょう)しい構造物になる。

野本さんの頭に浮かんだのは、浜中町の三郎川で取り組んだ「手づくり魚道」の経験だった。三郎川魚道を設計した河川技術コンサルタント岩瀬晴夫さんの力を今回も借りながら、役所の許可を得て、自分たちの力で費用を賄い、簡易な魚道を設置して維持管理することはできないか。恒久的な魚道が設置されるまでの「つなぎ」として、流域住民の協力を受けながら、スピーディーに、低コストで。

野本さんは、自身も加わっている釧路自然保護協会のメンバーにそんなアイデアを話し、協会で取り組むことはできないか、と相談を持ち掛けた。協会も釧路湿原自然再生協議会の構成団体であり、協会の神田房行会長（元北海道教育大学釧路校教授）は、自然再生協議会で河川環境復元を担う小委員会の委員長を務めている。それもあって協会は魚道づくりの意義を高く評価し、協会の事業として取り組むと決めたのだった。

9基の落差工があるこの支流は普通河川で、治水を担う河川管理者は地元自治体だが、農業用排水路としては国が管理し、落差工は国の財産だ。協会は2018年10月、地元自治体に魚道設置の要望を伝え、国（北海道開発局釧路開発建設部）も交えて協議に入った。

河川管理者以外が川に構造物を造るのは、これまでも触れてきたが異例のことである。だが、1997年の河川法改訂で「河川環境の整備と保全」が河川管理の目的に加わり、また釧路湿原の自然再生事業に協会も参加していることなどを踏まえて、地元自治体は翌11月、簡易魚道の設置（河川占用）を5年間の期限付き（必要に応じて更新可）で許可したのだった。①治水上の支障にならない、②設置後は定期的に点検する、③大雨や地震の際には巡回点検する——という

写真14　釧路川支流に階段状の手づくり魚道を完成させて笑顔を見せるボランティアたち。川の生き物に思いを寄せる流域の農家も作業に加わった＝2019年11月（釧路自然保護協会提供）

三つの条件を付けたうえで。

　落差工を造った釧路開発建設部も、「落差工の機能（流速の低減や洗堀・氾濫の防止）を阻害しないのなら」という条件で設置の暫定許可を出した。現場では実際に水があふれる状況が生じておらず、また２００１年の土地改良法の改正により、土地改良事業に際しては原則として「環境との調和に配慮すること」になったことも背景にある、と担当者は説明する。

　野本さんや自然保護協会関係者の熱意が実を結び、支流での「魚道手づくり」への道が開けた。

流域の農家も

　この年、自然保護協会はまず下流側４基の落差工に簡易魚道を設置した［写真14］。斜路型の落差工に沿わせる形で角材を取り付け、階段状にしたタイプである。岩瀬晴夫さんが設計と施工指導をボランティアで引き受け、治水上の障害にならず、また地元調達が可能な素材でつくれる簡易なアイデアを考案したのだった。

上畑勇騎さんをはじめ協会の会員、そして流域の農家らが、これまたボランティアで作業に従事した。毎回20～30人が胴付き長靴をはいて水に入り、設置後に壊れれば修理にも当たった。1基あたり約10万円の設置費用は協会の積立金を充て、民間の助成金も受けながら賄った。

協会では、流域の農家にも声をかけて歩いた。面識はなかったが、一軒一軒訪ね歩き、魚たちを上らせるために魚道を手づくりしたい、と思いを伝えて理解や協力を呼びかけたのである。「浜中町の三郎川魚道での経験もあって、間近にいて簡易魚道を見てくれる人が大切だと感じていた。農家のなかにも、落差工の下手に魚がたまっているのを見ていて、何かしてやりたいと作業に加わってくれる人たちがいてありがたかった」と野本さんは振り返る。

酪農家の山口弘之さん（1955年生まれ）は、それに応えて魚道づくりの作業に参加した一人だ。牛舎の傍らに建つ自宅を訪ねると、「仕事に追われて川に関心が向かず、こんな小さな川でイトウのような大きな魚が産卵しているなんて知らなかった。魚道を取り付けて上流に上ってくれるならうれしいなあ」と笑顔で話してくれた。同じく酪農家の鈴木真悟さん（1983年生まれ）も作業に加わったといい、「思いを行動に結び付ける野本さんたちはすごい」と感嘆する。

魚道設置の効果はすぐに現われた。

野本さんの調査で、魚道設置前の2018年春に2つしか確認できなかったイトウの産卵床が、2019年春には18と飛躍的に増えたのだ。サクラマスの産卵床も、241から437に

8割増えている。下流側から四つ目の落差工と、五つ目の落差工の間には、短いながら川が蛇行して礫があり、産卵に適した区間がある。下流側の4基の魚道を通って、この区間に到達することができる魚が増えたのだ。

再生事業に

釧路自然保護協会は環境省や釧路開発建設部などの職員の協力も受けて2019年にも落差工1基に魚道を設置し、また既設の魚道の修繕を進めつつ、釧路湿原自然再生協議会長の中村太士さんに相談を持ち掛けた。「簡易魚道の設置を、釧路湿原の自然再生事業に組み込むことはできないでしょうか」と。

自然再生事業は国と自治体が中心を担う公共事業である。そこに位置付けられれば公共的な事業として認知され、設置に関する許可や、作業負担の大きい巡視点検の在り方について、行政機関から理解や支援が得やすくなるのではないか――。そんな意図だった。

前述のように、自然再生をとおして「人と自然のかかわり」を再生することの大切さを強く感じていた中村さんは、協会の思いに共鳴した。「市民が発案するボトムアップの取り組みを生かすことが、自然再生を地域に根付かせるためには重要だ」と。中村さんの呼びかけで、国の機関や市を交えた話し合いの場が設けられ、中村さんはそこで、「ボトムアップの取り組みを行政が応援するのは当然だろう。点検などで、公共施設の管理以上に過剰な負担を強いるべきではない」と強く求めたのだった。

関係者の立場は治水、農業、環境行政などそれぞれ異なったが、最終的に行政側は「協会の取り組みは釧路湿原の自然再生という事業目的に合致する」として、再生事業に位置付けることに同意した。

当時、釧路開発建設部の治水課長として協議に加わった池田共実さん（1965年生まれ）は、「野本さんら、地元の方々の熱意を感じたことが大きい。流域住民とともに進める取り組みであり、各機関が協力してバックアップしていこうという流れになった。それぞれの機関は自然再生協議会の構成メンバーであり、釧路湿原の自然再生では同じ方向を向いていたことが大きい」と振り返る。

こうして、釧路自然保護協会は落差工9基への魚道設置計画を「釧路川支川魚類環境の再生実施計画書（案）」としてまとめ、2020年9月の釧路湿原自然再生協議会の会合で認可を受けた。簡易魚道の設置は、再生事業のうち「河川環境の再生・保全」に位置付けられた。

官民の協力態勢

自然保護協会は残る落差工4基のうち、2020年に1基、21年には2基に魚道を設置した。この節の冒頭で紹介した、川幅いっぱいに角材のカベ（堰板）を据え付ける「堰板全断面型」と呼ばれるタイプである。これまでの経験から、これが最も修繕しやすいことがわかってきたのだった。斜路型の落差工4基に設置済みの魚道も、このタイプに改修した。

あわせて2019～2021年、協会では河床を覆うコンクリートの護岸ブロックを計約38

mにわたって取り外した。ブロックには凹凸があり、水深10㎝程度の浅い場所ではサケやイトウといった体高のある魚の遡上が難しい。それを改善するための工事だが、他の河川でもほとんど例のない取り組みであり、自然保護協会は現場の状況や実施効果を関係機関と協議しながら工法を確立する考えだという。

魚道の新設、修繕、改良と、協会ではその都度ボランティアを集めて作業に当たり、多い年では年間6～7回にも上った。資金として年200万～300万円を用意し、資材費や重機のリース費、モニタリング調査のスタッフの人件費などに充ててきた。

湿原の自然再生事業に位置付けられたといっても、資金や作業員の調達は協会が引き続き自力で行なわねばならない。それでも、野本さんは「実施の大義が明確になり、関係機関に協力を求めやすくなったのは大きい」と語る。釧路自然保護協会は河川法に基づく河川協力団体に指定され、遡上環境の改善へ向けて官民の協力態勢が整ってきた。

釧路開発建設部や地元自治体は、この支流の簡易魚道を先々、恒久的な魚道に置き換える道を模索している。本章の前節で紹介した美幌町・福豊川と同様に、道営の用水整備事業で魚道をつくれないか、と考えているのだ。目下、「北海道庁と相談中」(地元自治体)といい、実現すれば、「民」が先鞭をつけた遡上環境の改善が「公」に引き継がれることになる。前述した釧路開発建設部前治水課長の池田共実さんは「手づくりの簡易魚道が機能している間に、恒久的な魚道が設置されれば、非常にいい自然再生の流れができる」と語る。

その期待どおり、簡易魚道は機能しているようだ。野本さんの調査で、支流でのイトウの産卵床は２０２０年にも10、２０２１年には5確認された。サクラマスの産卵床も２０２０年には４８６と、魚道設置前の倍となった。

シマフクロウに餌を

魚道づくりは、魚たちだけにとって有効なわけではない。魚を餌とする流域の生き物の生息環境の改善にもつながるのだ。ヒグマ、キタキツネ、オオワシやオジロワシ――。そして、環境省のレッドリストで絶滅危惧ⅠA類（ごく近い将来における野生での絶滅の危険性がきわめて高いもの）にランクされる大型猛禽類シマフクロウにも。

環境省によれば、シマフクロウは生息環境の破壊により一時は全道で80羽前後と危機的な状況に陥ったが、関係者の懸命の努力によって２０１７年には１６５羽程度まで増えている。生息数を回復させ、安定的に繁殖させるには、採餌場となる上流まで魚の上る川と、移動の「回廊」となる河畔林、そして営巣に適した大木が何本もある森が広い範囲で必要になる。

環境省は根室・釧路地域でシマフクロウの生息環境の整備に乗り出し、２０２１年には根室地方の標津川流域の落差工に、木組みの斜路を住民らとの協働作業による「手づくり」で取り付けた。この落差工にはサケ科の魚の遡上が可能な魚道があるが、シマフクロウの重要な餌となる魚エゾハナカジカには、その魚道内の段差すらもが遡上の障害となっている。調査でそれがわかり、簡易な斜路を魚道内に取り付けることで、遡上環境を迅速に改善することを狙ったのだという。

写真15　シマフクロウの重要な餌となるエゾハナカジカの遡上を助けるため、標津川流域の落差工の魚道に簡易な斜路を取り付ける環境省や関係機関の職員、ボランティアら＝2021年（環境省釧路自然環境事務所提供）

斜路は角材を斜めに組んだ木枠の中に石を詰めたシンプルな構造だ。これも河川技術コンサルタントの岩瀬晴夫さんがアイデアを提供して設計し、50㎝あった魚道内の段差を解消した。河川管理者から設置許可を得たうえで、設置作業には同省職員や関係者のほか、「環境保全に参加しているという意識をもち、生態系保全と治山・治水の両立について考えてもらう機会になれば」と、地域住民にも加わってもらった［写真15］。

環境省釧路自然環境事務所の北橋隆史さん（野生生物課課長補佐、1973年生まれ）は「シマフクロウの営巣地までカジカが上れるよう、取り組みを広げていきたい。広範囲に遡上できる環境にするには、市民と行政がそれぞれにできることをしていく必要がある。簡易魚道の取り組みによって市民の環境意識が高まり、いずれ行政に根本的な対策を取ってもらえるようになれば」と期待する。2022年度も、前年より上流の落差工2基で既存の魚道に横付けするかたちで手づくり魚道を設置したという。

釧路自然保護協会が魚道を設置した釧路川の支流でも、上流へ魚が安定的に上れるようになれば、シマフクロウをはじめ多くの生き物の餌が増える。釧路湿原再生事業の全体構想が目標に掲げる「シマフクロウ・イトウなどの生き物が暮らし、人びとに持続的に恵みをもたらしてくれる湿原」へ、一歩近づくことになる。

水とかかわる

野本さんによれば、釧路川のこの支流のすべての落差工に魚道が設置されれば、イトウやサクラマスなどの魚が産卵可能な区間は、2020年時点の2・1㎞から8・2㎞と大きく延びる。その最後の設置作業の現場が、冒頭で紹介した2022年7月の9基目の落差工だった。

水中での土木作業は、参加した人たちに「水の手ごわさ」を感じさせ、同時に大きな達成感をもたらす。それはどの簡易魚道の設置現場でも聞かれる感想だ。水しぶきを浴びながら重たい木材を抱え、スコップで川底の土砂をさらう。体験したことのない水中での作業は、新鮮な体験として記憶に深く刻み込まれる。

飯間裕子さん（1980年生まれ）は地元の動物園で勤務する獣医師だが、友人に誘われて2022年7月の魚道設置作業に初めて加わった。「川に、こんなものをつくることができるんだとびっくりした。あっという間にできた気がする。すごく新鮮な体験だった」と、夏の日差しのなかで笑顔を見せた。作業への参加は5度目という安田智子さん（1973年生まれ）は、北海道環境財団の職員だ。「ボルトを締めたり、角材を計測したりと、作業するうちに役割が分担できてきて、知らない同士がチームで作業するうちに一体感が生まれる。魚道の設置や維持管理は地域づくりの取り組みになると思う」と語り、2人とも「魚が上るところをぜひ見てみたい」と口をそろえた。

人一倍、「現場力」を発揮したのは、釧路自然保護協会の上畑勇騎さんだ。ポータブル発電機や電動ドリル、小型チェーンソーといった自前の機材を持ち込んで操り、角材でつくった堰板を予定位置に据えていくうえで欠かせないキーパーソンとなった。

上畑さんは釣り歴35年の筋金入りの釣り師で、大学時代はイトウを研究テーマに選んだ。釧路市内の機械関係の会社に勤め、機械いじりや工作が得意。4年前から設置作業には毎回参加しており、「手づくり魚道は簡単に壊れるイメージがあったけれど、増水しても大きく壊れないし、壊れてもどう壊れたかが見えるので修復できる。素人の作業でも、魚を上らせるためにできることがあるんだと実感した」と手ごたえを語る。

彼らの期待は、やがてサクラマスやサケ、そしてイトウが上流部へと達して産卵し、そこで生まれた稚魚が確認されることだ。そうして海へ下った魚たちが川へ帰れば、自然の「環（わ）」は再生されていく。人びとの「環」が、そこへの道を開くのだ。

人びととの絆

生態学者の鷲谷いづみさんは共編著『自然再生事業―生物多様性の回復を目指して』[*17]でこのように書いている。

自然再生は（中略）自然そのものだけでなく、自然と人のつながり、豊かな自然に支えられた人と人とのつながりを回復させるための「試み」である（中略）生態学などの科学の知識、伝統的かつ斬新な土木技術ほか、さまざまな科学技術を適切に調和的に活かしながら、土地と人びととの絆、人と人との絆を取り戻すことによって、その地域で人びとが「末永く幸せ」に暮らしていくための見通しをつけようというのが「自然再生」である（8頁）

魚道づくりという小さな自然再生の試みは、釧路川支流でも人びとを結び付けた。これから協会では9基の簡易魚道や護岸を外した箇所を維持管理し、設置効果の検証を続けることになる。一方で関係機関と話し合いながら、恒久的な魚道への移行を目指すことになるのだろう。

支流での魚道の設置や維持管理から生まれる「人の環（わ）」が、どこまで保たれるか、広がるかは未知数だ。参加者には転勤族も少なくない。それぞれに本業があって忙しい。川の自然とかかわった経験がどこまで深く参加者の心身に沁み込み、維持作業に参加するモチベーションになるのかわからない。

それでも、この取り組みをとおして、少なくない人びとが地域の自然とかかわる機会を得てきた。釧路湿原自然再生協議会の中村太士さんは「そうして市民が発案する取り組みを生かすことは、自然再生を地域に根付かせ、自然に逆らわない技術を広げていくためにとても重要だ」と語る。

次章では、その中村さん、そして多くの「水辺の小さな自然再生」を技術面で支えてきた岩瀬晴夫さんの言葉に耳を傾けたい。

注

＊1　駒生開基80年協賛会編『駒生開基八十周年　駒生地区土地改良完工　駒生のあゆみ』（１９８８年）
＊2　落差工については第1章の注でも説明したが、流水の勢いを弱めて河床の勾配を安定させるために、川を横断する形で設ける構造物のうち落差のあるものを指す。直線化などの河川改修を行なうと流水の勢いが増して河床が削られ、護岸が損壊するといった恐れがある。これを防ぐために設けられる。土屋昭彦編『図解　河川・ダム・砂防用語事典』（山海堂、１９８１年）など参照
＊3　前掲『駒生のあゆみ』
＊4　鬼丸和幸・羽根石晃彦ほか「美幌川水系の淡水魚類相」（美幌博物館研究報告第10号、２００２年）、町田善康・桑原禎知・鬼丸和幸「北海道東部におけるヤチウグイRhynchocypris perenurus（Pallas）の分布」（美幌博物館研究報告第17号、２００９年）

＊5　橋本光三「故郷の川に魚を戻したい」／『第14回北海道淡水魚保護フォーラムin美幌　平成26年度美幌博物館フォーラム　手作り魚道から始まる地域の自然再生　プログラム&要旨集』（北海道淡水魚保護ネットワーク・美幌博物館、２０１４年）

＊6　町田善康・橋本光三ほか「複数の手作り魚道はサケ科魚類の生息場所の回復に寄与したのか？」（応用生態工学第21巻2号、２０１９年）181―189頁

＊7　前掲「故郷の川に魚を戻したい」

＊8　富山漁協ホームページを参照　http://www.tomigyo.com/pplog/displog/2011.html

＊9　大西雅也・守山耕一・町田善康「住民活動と連携した魚道整備（福豊上流第2地区）」（農業土木北海道第43号、２０２１年）

＊10　希少種イトウの保護のため、本稿では河川名を表記しない

＊11　『釧路湿原自然再生事業　釧路川支川魚類生息環境の再生実施計画書（案）』（釧路自然保護協会、２０２０年９月）

＊12　釧路湿原自然再生協議会ホームページhttps://www.hkd.mlit.go.jp/ks/tisui/qgmend000003ppq.html

＊13　北海道新聞２０１８年11月17日朝刊「釧路湿原自然再生事業　土砂流入量34％減」、２０１８年2月15日朝刊「湿原の生態系　回復傾向　釧路川蛇行復元事業」など

＊14　北海道新聞２００２年９月13日朝刊「プリズム２００２　公共2事業に着手＊再生なるか釧路湿原」

＊15　北海道新聞２０１５年４月24日夕刊「魚眼図　全体構想の見直し」

＊16　前掲釧路湿原自然再生協議会ホームページhttps://www.hkd.mlit.go.jp/ks/tisui/qgmend00000hfk.html

＊17　鷲谷いづみ・草刈秀紀編『自然再生事業―生物多様性の回復を目指して』（築地書館、２００３年）

「小さな自然再生」研究会の取り組み

住民らによる「水辺の小さな自然再生」は近年、北海道だけでなく、全国各地で活発に試みられている。それら各地での事例を紹介する冊子やウエブサイトをつくるなど、水辺の小さな自然再生の普及啓発を進めているのが「小さな自然再生」研究会だ。[*1]2014年に発足した任意団体である。

研究会によると、「水辺の小さな自然再生」の活動が本格化したのはこの10年ほどだ。住民によるコミュニティワークを軸に、自然環境や地域づくりの研究者、河川管理者である行政機関が協働するというように、その実施主体も、行なう内容も実に多種多様。まさに「地域の技術」の様相を呈している。

研究会幹事の和田彰さんは、河川に関するさまざまな課題の調査研究や技術開発に取り組む公益財団法人リバーフロント研究所（東京）の研究員である【写真1】。大学で土木工学を学び、国内外で治水、利水、環境に関する河川計画の立案や川づくりで豊富

写真1 「小さな自然再生」研究会の幹事を務める（公財）リバーフロント研究所の和田彰さん。河川計画や川づくりのプロフェッショナルだが、いま注目するのは住民らさまざまな担い手による「小さな自然再生」だ（本人提供）

な経験をもち、現在は水害に強いまちづくり、川づくりを担う人材をいかに育てるか――が研究テーマという。

そうした人材育成の手法として、和田さんは「水辺の小さな自然再生」に注目し、普及に情熱を注いでいる。和田さんはなぜ小さな自然再生に着目するのか、どんな可能性を見出しているのか、そして研究会は何を目指すのか。インタビューした。

――住民による「小さな自然再生」と呼ばれる取り組みは、いつごろ始まったのでしょう。浜中町の三郎川手づくり魚道の設置は２００８年です。北海道内では当時、魚道を手づくりした事例は少ないですがほかにもありました。道外でもそのころから取り組み事例があったのでしょうか。

「小さな自然再生」という言葉が登場したのは2010年です。自ら小さな自然再生を実践していた兵庫県立人と自然の博物館主任研究員の三橋弘宗さんが、リバーフロント整備センター（現リバーフロント研究所）の冊子への寄稿記事「小さな自然再生のすすめ」のなかで使われたのが最初と思います。その年に同博物館で小さな自然再生をテーマにシンポジウムが開かれ、その後、三橋さんや岩瀬晴夫さんなど、この取り組みに関心を寄せる研究者や技術者など有志メンバーで研究会（当初は事例集編集委員会の名称）を立ち上げて、全国各地の「小さな自然再生」の実践経験を蓄積し普及してきました。

実はこの言葉が登場する前の2000年代初頭から、山口県が取り組んだ「水辺の小わざ」といった呼称で、市民が協働する小規模な技術を適用した自然再生は行なわれていたのです。さらに遡れば、1980年代後半に自然環境復元研究会（現認定NPO法人自然環境復元協会）が欧州で行なわれていたビオトープを国内で紹介し、また福留脩文さんらが欧州の川づくりに学んだ「近自然河川工法」を日本に紹介しました。これらは小さな自然再生の先駆けともいえる取り組みです。

他方、川を管理する行政側においても、1990年に建設省（当時）が「多自然型川づくり」を求める通達を出し、1997年には河川法が改正されて河川管理の目的に「河川環境の整備と保全」が加わりました。河川管理者の仕事として、川の環境保全が明確に位置付けられたのです。2006年には、国土交通省がすべての川において「多自然川づくり」が基本となると定めました。「多自然」が、すべての川づくりのベースと位置付けられたのです。１９８０年代から１９９０年代にかけて、公共事業による河川工事への激しい反対運動や自然保護運動に直面した経験をもつ国や自治体の河川管理の担当者は、それを教訓として川の環境に目を向け、多自然川づくりを真剣に志向してきたと思います。

ただ、公共事業により行政の力だけで川の環境を良くしようとした取り組みは、住民から「不自然だ」といった批判も受けました。川を利用する人たちと一緒にやってこなかったがゆえの反省点となりました。でも、そこで住民協働の土壌ができ、「住民の発意のなかで、できることはやろう」という河川管理者が確実に増えてきたと思います。

住民が川に手を入れた歴史は長くありません。小さな川であっても「公物」である河川の姿を変える行為です。多自然川づくりを進めていたにしろ、河川管理者である行政には「管理者以外が川に好き勝手に手を入れるのは認められない」という固い意思があったと思う。ただ、それは変化してきたと思います。

――近代以降、日本では川づくりの技術をほぼ行政が独占し、民衆がかかわる経験は限られてきました。明治期以降に開発が急速に進んだ北海道では特にそうです。その北海道で土木工学を学び、河川計画のプロとして公共事業にかかわってきた和田さんは、なぜ小さな自然再生に着目するのですか。

私は国内外の河川計画の現場で約9年間働きました。アジアの発展途上国の川づくりで海外にいて、日本で起きた災害の国際放送を見た際、ハザードマップが整備されているのに、住民がそれを知らずに被災して命を落とすというニュースにくぎ付けになりました。行政やコンサルタントが命を守るためのハード整備やソフト対策を進めていながら、住民にそれがしっかり伝わっていないというのです。水や川の存在を市民にもっと身近なものにできないか。そんなことに取り組む仕事に携わってみたいと感じるようになりました。

やがて後述する「日本河川・流域再生ネットワーク（JRRN）」の運営に携わり、この15年ほど、市民参加による「河川再生」の普及活動に没頭してきました。そんななかで2014年に「応用生態工学会」という学会の大会で「小さな自然再生」の存在を知り、「これだ」と直感しました。実際のフィールドで身の丈に合ったスケールで、多様な担い手が楽しみながら河川に働きかける。地に足の着いた川の学び場となり、自分たちが世話をする実際の現場があるがゆえに、多くの関係者をつなぐことができる。大きな可能性を感じました。

楽しさやワクワク感があって、サイエンスに根差している小さな自然再生の普及が、「人と川をつなぐ」ための一番の近道と今は考えています。まだまだ技術面や制度面で未熟な部分が多いことも事実で、全国で小さな自然再生を実践されている方々から学ばなければいけないことが山ほどあると認識しています。

先に述べた多自然川づくりの定義を見てみると、「河川全体の自然の営みを視野に入れ、地域の暮らしや歴史・文化との調和にも配慮し、河川が本来有している生物の生息・生育・繁殖環境及び多様な河川景観を保全・創出するために、河川管理を行うこと」とされています。ですが、川づくりに携わる者として、『川の営み』を正しく把握できているのか」と自問せざるをえません。

小さな自然再生は、この「川の営み」を正しく読み取り、それに適応可能な、川の変化に順応できる川づくりの技術です。住民と行政の協働により、小さなスケールのなかで「見試し」を重ねることには、次のような意義があると考えています。[*2]

①公共事業の補完

公共事業による自然再生が動き出すまでには多くの時間がかかり、この間にも守るべき自然環境は劣化していきます。小さな予算規模ですぐに着手できる小さな自然再生は、大きな自然再生が動き出すまでの「つなぎ」の役割を果たします。

②地域づくり

できることから始める気楽さ、参加のハードルの低さは、地域での川づくりの関心を高め、担い手を増やして育成することや、多様な主体による新たな交流を生み、地域を活性化していく可能性があります。「流域治水」(終章参照)のように、流域管理に社会全体で取り組むことが期待されるなかで、河川管理者と流域住民の信頼関係を高め、協働で知恵を出し合い、望ましい川づくりを進めるための素地をつくります。

③環境学習・生涯学習の推進

多様な世代が川にかかわることで水の恵みとともに水への恐れを実感し、地域への愛着を高めるとともに、地域の防災力を強化する機会にもなります。自らつくったモノが壊される経験、また作業中の水の流れ（流速や水圧）の体感は、出水時、洪水時の現象を自分ごととしてとらえることができる経験になるでしょう。

④河川技術の向上

先に述べたような川の営みを学ぶ訓練の場として、川づくりにかかわる技術者の育成の場、技術の向上の場となります。

——どのような取り組みを「小さな自然再生」と位置付けているのですか。

私たちの研究会では、次の3条件を満たす活動を小さな自然再生と定義しています。

①自己調達できる資金規模であること
②多様な主体による参画と協働が可能であること
③修復と撤去が容易であること

①についてですが、金額の多寡は問いませんし、行政を説得して税金を入れても構わない。いずれにしても自分たちで調達したお金でやることが原則であり、そこが公共事業との大きな違いです。②は市民、行政、研究者、農家などあらゆるセクターの人が発意してアイデアを出し合い、一緒に汗をかいてできること、ということです。③は、壊れたら直す、そして河川管理に悪影響があったり期待した機能がなかったりしたら撤去する、という自由度があること。プロによる仕事ではないので、失敗もあります。潤沢な資金もなく、壊れることがありえる構造です。だからこそ、きちっと直して世話をしてゆくことが肝心なのです。

具体的な手法は表1に示しました。最も多い事例が表中①の「移動性の回復」です。美幌町の駒生川の手づくり魚道は上下流の連続性を回復する代表例です。本州の水田地帯では、田んぼと水路をつないで生き物が行き来できるようにする「水田魚道」もつくられています。このほか、機能していない魚道を改良する事例も多くあります。

表中②の「生息場の保全創出」のうち、バーブ工法[*3]は石などを流れに逆らう形で河道に並べる手法ですが、魚の棲みかや産卵場所をつくることができます。直線化や護岸が施されて、川本来の営みである攪乱が起きなくなった単調な箇所に小さな変動を起こし、水流や土砂の変化を生み出すもので、それによって平瀬や淵ができ、河畔の植生も回復します。本来は川の営みである石を運ぶという仕事を、人の力でアシストするのです。

表1　水辺の小さな自然再生の分類

類型	目的	工法の例
①移動性の回復（連続性・連結性）	落差解消による遡上・降河	斜路魚道、階段式魚道、小わざ魚道
	川と農業用水、農業水路と水田	小わざ魚道、水田魚道
②生息場の保全創出（生息場、餌環境、避難場、産卵場）	多様な流れ（瀬・淵等）の形成	各種の水制、バーブ工法、早瀬工、瀬淵工、巨石置石工
	ワンド・たまりの形成	スコップなどで掘る、水制を設置して河岸を削らせる
	水際部の形成	バーブ工法、部分拡幅工法
	大空隙を有する生息場	ウナギの石倉、捨て石工
	渇水時の避難場となる淵	ブロック設置による局所洗掘
③人為的な攪乱	産卵場の造成（シロウオ、アユ、サケ等）	
	チスジノリの発芽を促す人為的攪乱	
	植物シードバンクのリフレッシュ	

表中③の「人為的な攪乱」は、バーブのほか、手作業や重機の助けを少し借りて河床を掘り起こすなど、これも人の手で川に小さな攪乱をもたらすものです。

代表的な事例をあげてみましょう。

兵庫県の安室川では、大規模河川改修で治水安全度は大幅に向上したものの、良好な河川環境の復活が見られず、アユやモクズガニが捕れなくなって入漁者が減るなど、生態系や内水面漁業にかかわる問題が明らかになりました。そこで兵庫県が中心となり、河川の自然再生計画に小さな自然再生をしっかり組み込んで、落差工に簡易魚道を設置したり、澪筋を掘削して瀬と淵を再生したりしてきました。

活動は2002年に始まり、市民団体や漁協など多様なセクターを巻き込んで、継続的に取り組まれています。現在も毎年、学校と連携して子どもたちとの小さな自然再生活動（河床の攪乱）を行なっています。

一方、高知県の三崎川での小さな自然再生は、まさに「市民発」の草の根活動という感じです。治水事業で造られた砂防堰堤によって生き物の生息域が分断されていることを知った市民が研究会をつくり、2013年から2016年にかけて、生物のモニタリングと、竹製の蛇籠を使った簡易魚道の設置を進めました。行政機関を巻き込み、予算を確保し、設計や施工、維持管理をしながら、魚道設置の前後で生物相がどう変化するかを調べ、調査終了後は簡易魚道を撤去しました〔写真2〕。

私たちの研究会で作成した冊子「できることからはじめよう　水辺の小さな自然再

生事例集」や、研究会のサイトには、こうした事例をいくつも収めています。市民が小さな自然再生に取り組むうえでの留意点は表2のようなことです。小さな自然再生を試みようと考える人たちの手がかりになるはずです。

——事例集を見ると、各地での取り組み内容も、実施主体もさまざまです。事例集をつくったのは、それを共有したいという狙いでしょうか。

写真2　高知県・三崎川の砂防堰堤に市民が設置した竹製の蛇籠を使った簡易魚道。設置前後での生物相の変化を調べたうえで撤去された＝2016年（『小さな自然再生』研究会提供）

表2　小さな自然再生に取り組む際の主な留意点

- 設置する“モノ”が洪水の流れの邪魔をしないか？
- たとえ洪水で流されたとしても大丈夫か？
- 護岸や堤防などの施設に影響は出ないか？
- 河川景観への配慮はしているか？
- メンテナンスは誰がやるか？
- 作業で濁水や水質事故は起こさないか？
- 漁協や地域住民との調整はできているか？
- 河川管理者の協力は得ているか？
- 行政が進める事業や施策を追い風にしているか？
- 現場作業での安全管理（装備、天候、救急、保険etc.）は大丈夫か？

そうです。各地での試みを一地域だけにとどめていてはもったいない。共有すれば、そこから新しいアイデアも生まれる。そう考えて、小さな自然再生の専門家や一緒に学びたいという有志の仲間で編集委員会をつくり、事例集の第1集を2015年にまとめたのです。自然再生の取り組みを広げること、そして、自然再生の技術を向上させることが研究会の目的です。事例を紹介する動画の作成のほか、2016年から年2、3回、現地研修会を各地で開いています。楽しみつつ、学びあいながら、技術を体系化し、広めていこうと。2020年には事例集の第2集をつくり、2022年7月にはリバーフロント研究所内に「小さな自然再生」のサポートセンターをつくりました。経験を共有しながら、困りごとの解決策を見つけるための相談窓口です。

研究会の幹事は、「日本河川・流域再生ネットワーク（JRRN）」が担っています。これは、私が所属するリバーフロント研究所が、河川環境分野の国際的な情報共有のために設立した任意団体です。事例集は研究会が編集し、JRRNが発行するかたちになっています。リバーフロント研究所は、川を今までより良くして次世代に残すことをミッションにしています。小さな自然再生をとおして、川と人をつなぎ、川にかかわる人を少しでも増やしたいと考えています。

小さな自然再生はまだ10年ほどの取り組みですが、さらに広げるには、その効果や意義などの評価が重要と思っています。ただ、これまでに開いた普及行事をとおして、小さな自然再生に取り組む人同士で技術が共有されたりして、取り組みは着実に広がっています。美幌町の農業用ため池で町田善康さんが試行している移動式魚道は、香川県の香川高等専門学校の高橋直己さんが考案されたアイデアです。技術の広域化につながった第1号だと思います。

　このように安くて壊れにくい工法をきちっと書面やデータに残すことで、共有が可能になります。岩瀬晴夫さんは前述したバーブ工法の第一人者であり、各地で豊富な経験を積んでいます。彼の経験を「見える化」して、形にして残すのが岩瀬さんと私の当面の仕事です。今のところ、バーブ工法には技術解説書も、技術基準もありません。なので、公共事業で採用された事例はまだ多くはありません。ですが、道内では自治体が岩瀬さんのアドバイスを受けながらバーブ工法を試験的に実施している箇所が数多くあり［写真3］、「北海道の多自然川づくりガイド」[*4]内でも事例が紹介されています。本州では大半が市民手づくりのものですが、北海道では公共事業として試みられている。これは画期的なことです。

　西日本では学校が教育の一環でバーブ工づくりに取り組む例が増えています。施工は簡単なのに、魚や水棲昆虫が棲める場所が増えて、子どもたちにも効果が目に見えてわかります。水のなかの生き物が増えれば、上流部に棲む動物の餌も増え、生物多様性は高まります。物理環境の改善が生物多様性につながることを子どもたちも実感できるのです。

写真3　北海道美瑛町の川に設置された「バーブ工」。河岸から流心に向かって、上流側へ突き出すように石を並べ、土砂の動きと流れに変化を生み出す＝2012年11月

小さな自然再生の技術を、しっかり残していかないと次の段階には行けません。事例を積み重ね、技術として行政に認められて、やがて国の「河川砂防技術基準」や自治体の技術基準に採り入れられれば、堂々と河川管理者が採用できる技術になります。

――研究会では今後、どのようなことに取り組むのですか。

小さな自然再生を全国に広げるために、次のようなことが必要だと思っています。

①全国の担い手のネットワーク化（連携・協働体制の構築）

それぞれの現場の悩みなどを共有できれば、専門家がいなくても動いていけます。各地の人たちを緩くつないでいくのが研究会の役割です。

②地域課題に柔軟に対応できる技術の体系化（要素技術や効果検証法の確立）

今試みられている小さな自然再生の工法は未熟です。公共事業による川づくりとも、多自然川づくりとも技術が違います。近代の土木のなかで、簡易な手づくり魚道のようにいずれ壊れることを前提とした技術はなく、体系化もされていません。近代以前に用いられていた技術にちかく、効果を検証しつつ技術として確立することが必要です。そして岩瀬晴夫さんのように、経験に基づいて設計や施工の指導をできる専門家を育てることが何より大きな課題です。

③流されても無害な材料の使用（木や石など地産地消の自然素材の活用）

小さな自然再生では、蛇籠や木材を結束するためにプラスチック製のバンドやネットを使ってきました。しかし、近年、微細なマイクロプラスチックによる環境汚染が問題化していることを考えれば、プラスチック素材ではなく、天然素材に徹してやっていくことが必要でしょう。

④支援機能の充実（サポート窓口、専門家派遣、研修プログラムｅｔｃ.）

各地で小さな自然再生に取り組みたいと思う住民たちの支援に向けて、技術研修会の開催などを充実させる必要があると感じています。先に述べたように、２０２２年7月にはリバーフロント研究所内に小さな自然再生の相談窓口を設けました。徐々にですがサポート態勢が整ってきました。

⑤普及啓発促進（広がりの可視化やツール充実化等のアウトリーチ）

これも、小さな自然再生を取り組みたいと思う人たちの支援につながるよう、事例集やホームページのコンテンツの拡充などが必要だと考えています。

わだ・あきら／1971年神奈川県生まれ。北海道大学大学院工学研究科土木工学専攻修士課程修了。株式会社建設技術研究所（東京）などで約10年間、建設コンサルタントとして国内外で河川計画の業務に従事。2007年から同社国土文化研究所において日本河川・流域再生ネットワーク（JRRN）事務局員として、人と川をつなぐ研究活動に取り組む。2019年から公益財団法人リバーフロント研究所研究員。

注

＊1 小さな自然再生研究会ホームページhttp://www.collabo-river.jp/

＊2 和田彰・岩瀬晴夫「小さな自然再生から川の営みを探る―人と自然が共生する川づくりの作法とは―」（水利科学№389、第66巻第6号、2023年2月）43―63頁

＊3 流下する土砂をひっかけて堆積させ「寄り州」をつくるために、河岸から流心に向かって、上流側へ鋭角的に突き出すような形で設けた構造物。釣り針の返し（バーブ）に似ているためこの名がある。川の勾配を安定させて河床低下などを防ぐとともに、流れに変化を生み出して多様な生物の生息環境をつくる。川石など現場にある材料を使い、住民参加で設置や補修を行うことも可能。詳細は次項の『北海道の川づくりガイドブック』を参照。

＊4 北海道庁のサイトによると、2010年から「北海道河川環境研究会」と「河川技術検討委員会多自然川づくりワーキング・グループ」が連携を図りながら、「多自然川づくり」に関する技術的な課題について検討した成果を取りまとめた資料。北海道の川づくりを考え、実践していくうえで手助けとなるよう、北海道における多自然川づくりのポイントや評価、事例集などを収めている。https://www.pref.hokkaido.lg.jp/kn/kss/ksn/kasenkahome/kankyo/kasenkankyou.html

第3章

なぜいま小さな自然再生なのか

「見試し」を重ねて得られるものは
——岩瀬晴夫さんに聞く

第1章で詳述した浜中町の三郎川魚道、第2章で取り上げた美幌町の駒生川魚道、釧路地方の釧路川支流の魚道。これらはいずれも札幌市の河川技術コンサルタント、岩瀬晴夫さんが設計または設計のサポートをし、住民たちに施工の指導をした河川工作物だ。

岩瀬さんは北海道や各地の川を見続け、「川づくり」に長年携わってきた。本業である治水関連の公共事業の設計・施工管理のかたわら、30年以上前から北海道の内外で「多自然川づくり」「水辺の小さな自然再生」に協力し、実に多種多様な自然再生のアイデアをボランティアで提供してきた。簡易魚道のみならず、河道に大きな石などを流れに逆らうようにして並べた「バーブ」[*1]という非常に簡素な工法なども用いて、水と土砂の動きに変化を生み出し、生き物の生息場所をつくりだすといった試みを各地で続けている。

いずれも岩瀬さんにとっては、川を知り、人が手を加えることで川にどのような変化が生じるか知るための「見試し」(第1章参照)なのである。毎週末のようにその施工現場に車を走らせ、現場の変化をつぶさに観察し、自らの糧として次の試みに生かす。岩瀬さんはそんな作業を重ねている、数少ない河川技術者だ。

岩瀬さんをそのような「見試し」に駆り立てるものは何なのだろう。そして「水辺の小さな自然再生」は、地域の自然と人間社会に何をもたらすと岩瀬さんは考えるのだろうか。岩瀬さんの言葉に耳を傾けた[写真1]。(インタビューは2022年7月、肩書や事実関係は当時)

——コンサルタントの立場で長年、公共事業による治水や川づくりにかかわってきた岩瀬さんが、ボランティアで住民運動ともいえる「水辺の小さな自然再生」にかかわる理由は何ですか。

私の立場からは、「水辺の小さな自然再生」を、川づくりにかかわる人が地域に入っていくための手立てと考えています。

川の自然の保護や再生をめぐる動きを、私は次のようにとらえています。

中部地方を流れる長良川の河口堰の建設や、北海道の千歳川の放水路計画といった大規模な公共事業に異議を申し立てる市民による自然保護運動は、1980年代から1990年代にかけて非常に盛り上がりました。ただ、それはその後、持続しなかったと思っています。運動に

写真１　釧路川の支流に立つ岩瀬晴夫さん。このすぐ下手にある落差工に釧路自然保護協会の会員や住民らが岩瀬さんの指導のもと、「手づくり魚道」を取り付けた＝2022年7月、釧路市

加わった人たちも、それぞれ生活があるし、年もとるし、エネルギーを保つのは容易じゃない。２０００年代に入って急激に熱量が落ちたように感じます。

ですが、自然を再生したいと考える市民は以前と変わらずいます。たとえば職場を定年退職してまだ体が動き、かつての地域の自然の姿を覚えていて、取り戻したいと考える人たち。団体よりも個人ベースで活動し、「うちの地域のこの川を何とかならないか」と熱い思いをもっている。地域に一定の根っこを張っていて、その「空間」で自らの「履歴」を重ねてきた人たちです。一方で、転勤族など、長年その地域で定住する人ではなくとも、子どもたちの住む「空間」を良くしたい、子どもに自然に触れながら育ってほしいと考えている親世代もいます。

そのような人たちが少数でも仲間をつくり、団体として河川管理者である行政に身近な自然再生を求めた場合、行政側が受け入れるようになってきたように思います。後述するように、国が1990年代から「多自然川づくり」を進めてきたことが背景にあるのでしょう。

自然保護をめぐって対立するよりも、折衷案とか合意点を探ろうという動きが住民、行政の双方から出てきています。川の樹木を伐採する際に、段階的にやって様子を見よう、とか。住民と行政のあいだに顔の見える関係があることが前提ですが。行政側からの公共事業に関する情報公開が進んだことが影響していると思います。治水とか道路の計画とか、公開すると土地の買い占めが起きるなどと行政は心配して情報公開してきませんでしたが、実際に法整備が進んで公開されると、成熟した社会のなかではそのような露骨な動きは見られなかったと私はとらえています。住民は公開された情報を基に動き、行政に要望を伝え、合意点を探るようになりました。

このような流れのなかで、行政マンや土木・建設関係者が地域に入り、地域の川に入り、住民との協働作業に取り組むことをとおして、公共事業による川づくりは変わってくるはず。その機会を広げるのが「水辺の小さな自然再生」です。

――地域の自然に目を向けた住民たちのなかで、公共事業に注文を付けるのではなく、自ら動いて「小さな自然再生」に取り組もうという動きが生まれてきたのはなぜでしょう。

小さな自然再生のようなちょっとしたことでも、公共事業でやるとその実施システムに乗せるので、計画から施工完了まで1年も2年もかかってしまいます。河川管理者は国が定める「河川砂防技術基準」や、自治体の技術基準に即して設計するので、どうしても施工箇所は仰々しい形になります。住民側は、お金をかけずに、すぐ動いてほしい、と思っているのですが、役所にしてみれば、簡易なものがすぐ壊れるようだと事業の計画や設計、施工が適切だったか問題になり、議会やマスコミでたたかれる。被害が出れば住民などから訴訟を起こされる恐れもある。「お金をかけず、すぐ動く」ことができない構造になっています。現状では役所は基準やシステムに則って、一定の想定範囲内で「壊れないもの」をつくるしかないのです。壊れると「血税使ってやったのに」と責任問題になりますから。

そんな公共事業に満足できず、「壊れてもいい。自分たちでつくって、自分たちで修理するから」と考える人たちが現われて、彼らが自ら動き、各地で小さな自然再生を試みているのです。実は、役所内にもそうした住民の願いを実現してあげたい、と考える専門職は少なからずいます。住民としっかり関係をもっていて、自分たちも作業に参加して、壊れたら撤去を覚悟して、上司から設置許可の承諾を取りつけるような人です。「やりましょう」と言ってくれる人が、県や市レベルだと何人かいます。住民と、行政側のそうした人たちがつながったときに、簡易な魚道や「バーブ」をつくるといった小さな事例が実現して、それが前例となって次第に広がってきているのだと思います。

――住民は「壊れてもいい」と言いますが、設計する際に実際に壊れても構わないような構造にするのですか。それだとメンテナンスが大変になります。第1章で書きましたが、近代の社会は高度な技術で「壊れないもの」を追求してきたように思います。メンテナンスの手間がかからず、維持管理のために縛り付けられることはない。役所に任せておけばいい。中央集権的政府がそのような流れをつくり、住民もそれに慣れて、やがてすすんで「壊れないもの」を求めてきたのでしょう。そのようになってしまった社会のなかで「壊れるもの」は受け入れられるでしょうか。

私は公共事業の河川構造物の設計を手掛けてきたので、簡単に「壊れるもの」には抵抗があります。できるだけ「壊れづらいもの」を設計します。あんまりあっけなく壊れると、つくった人たちもみんながっかりして維持管理への意欲を失ってしまいます。壊れなくとも、維持管理を3年、4年やれば飽きてくる。しょっちゅう部材を取り外したりするのは大変でしょ。だから、簡易であっても「壊れづらい」構造を追求します。できるだけ地元の人たちがやれる範囲で、手近にある素材を使って、できるだけお金をかけないでできるものを。小さな自然再生はどれも住民によるコミュニティワークですから。

その際、勘案するのは行政がどれだけ計画にかかわっているか、です。河川管理者が嫌がるのは、洪水とか何か起きて壊れたときに「なんであんなのつくらせたんだ」と責任を問われることです。だから、そう簡単に壊れるものではありません、壊れても周辺に悪さをしません、と説明できる根拠が必要です。行政はその保証を文書や口頭で必ず求めてきます。それを示せる技術が必要です。

「壊れづらさ」を追求すると、国や自治体の技術基準にちかい設計になります。基本的には、そこで定められた数値をクリアするよう設計します。ただ、数値以上に大切だと私が考えるのは、数値の背後にある思想を踏まえることです。なぜその数値が基準とされたか、その根拠を理解することこそ肝心です。行政もコンサルタント会社も、それがわかっていない。数値を定めた人が亡くなり、数値だけが独り歩きして、背後にある思想が残っていない。その思想を何とかして知り、理解しないと、数値だけの議論でガチガチの設計になる。私はなるべく数値を満たそうとはしますが、思想が反映されていれば多少下回っても大丈夫と考えています。

国や自治体の技術基準は、こういう条件だと壊れる／壊れないといった実績データよりも安全側に立って、数値を決めています。だから、基準どおりに設計すると過大なものになります。役所にとっては過大設計も過小設計も困りますが、余裕度を極力小さくしたミニマムの数値で施工して、結果を検証した経験値を彼らはもっていない。コンサルタント会社もそうです。だから基準どおりにしか判断できず、仰々しいものをつくるのです。ですが、基準をぎりぎり満たさないような構造で「見試し」をした前例を見せて、ミニマムで設計してもこれだけもちます、と説得すると、役所の人も納得してくれます。彼らも一定の経験はありますから。

――岩瀬さんが「これなら基準を満たさなくても大丈夫」と考えるのは、多くの現場で

「見試し」を重ねてきた蓄積のうえで判断できるからでしょう。そのような現場経験をもつ行政マンや土木・建設関係者は少ないのですか。

エリートは現場を知りません。役所の人は現場に行きませんから。戦後復興に伴って公共事業が猛烈に増えた高度経済成長期より前の時代は行っていたんですが。コンサルも、施工業者も。1970年代からそれは変わっていない。建築分野では著作権も責任も設計者が引き受けるので、設計した建築士が施工管理をします。でも土木の分野では、行政から業務委託されたコンサルが設計図を描きますが、責任はあいまいで著作権もありません。出来上がった報告書や設計図面に責任をもつのは役所です。設計図に基づいて請負の工事業者が施工しますので、壊れたら責任は施工業者に行きます。設計が悪くても、発注者である役所の責任になるから施工業者は言い出しません。とにかく壊れると責任問題が出ますから、技術基準どおりに「壊れないもの」をつくることになるのです。

基準に則ってつくっていれば、想定した以上の降雨などがあった場合には壊れてもやむをえないという理屈も通ります。たとえ壊れたとしても、変なことはしていませんよという理屈が役所には必要なのです。小さな自然再生を行なうにしても、役所から許可を得るには、構造物の強度などについて役所が外部に説明できる理屈が必要です。「見試し」の積み重ねを通して、そこを変えていきたいのです。必ずしも基準どおりではないけれど、ここまでは耐えられる、というように。

九州や四国には石橋が多くあります。本で読んだのですが、その建造を指揮する棟梁は1年くらい現場に通ってひたすら川の「癖」を見るそうです。この高さ、この位置で大丈夫だろうとなったら、ようやくゴーサインを出すのだと。私も、施工をするなら1年くらい、現場の川を見ないとだめだと思っていました。だからそれを知ってほんとうにうれしかった。

でも今、現実にそんなことはできません。納期が決まっていて、現場を一度も見ずに設計や施工管理をすることもあります。紙に書かれたデータがあれば、現場に立たなくてもできるんです。そもそも川を知らない人間は、現場に立っても何を見ればいいかわからない。見るポイントを絞れない。現場を見た人に何を見て何がわかったかと聞くと、皆あいまいなことを言います。経験がないのでわからないのです。河川工事はそういうやり方をしてきましたが、技術基準で安全側に立って余裕度をみていますので、圧倒的に災害を抑制できてきました。

――「川づくり」の現場がそのような状況とは驚きです。そもそも、自然の一部である川を人間が「つくる」という言い方も、人間の傲慢であると私は受け止めていますが、人間が川に手を加え、自分たちの都合のよいように利用しようとするならば、川の自然をよく知り、過大設計で無神経にそれを破壊してしまうことのないような配慮がなされるべきだと思います。

そうですね。「川づくり」という言葉に抵抗をもつ人は少なくありません。私は勤務先の

写真2　魚や有機物、土砂などの移動を考慮して堤体に「切り欠き」をほどこす改良を加えた砂防ダムを見る岩瀬さん。少しでも人が手を加えれば川の状態は変わる。絶えず見続け、考察を重ねなくてはわからないという＝2012年9月、北海道八雲町

「川づくり計画室」で働いてきたので、自分なりに「川づくり」とは何かをずっと考え、自分のなかで消化するよう努めてきました〔写真2〕。

川はもともと、人ではなく、川がつくるものです。真っ平なところに水が流れれば川ができる。その過程は大きな川だろうが小さな川だろうが同じです。だから、私はその過程を猛烈に考えました。それには、仮説を立てて川に手を加え、何度も現場を見て、その変化を踏まえて方法をさらに工夫するという実験を重ねることが必要だった。それが私の「見試し」です。大きな川で試行錯誤はできないから、あちこちの小さな川でやってみて、検証できる事例をもつ。やたら時間がかかりました。

「川づくり」では、「川が川をつくる」過程を人間が助ければいいと言う人がたくさんいました。ですが、「川が川をつくる」メカニズムが、多くの人にはわかっているようでわかっていないので

す。そのメカニズムを理解して、それをそのまま、まねて手助けしてやればいい。それなら「傲慢」ではないでしょう。川が川をつくっているのと変わりがないのですから。そのような流れにもっていきたいのです。

そのように、川のメカニズムを科学的に解明して理解して、それを基に川づくりをするという考え方は、建設省（当時）が1990年に打ち出した「多自然川づくり」の根幹です。「多自然」というと皆、なんとなく自然にちかいような川づくりをすることだと思っています。コンクリートでがちがちに固めるのをやめて蛇行させるとか。私も最初はそう思っていました。ですが、いろんな見試しを経て思い至ったのは、私の独自のとらえ方かもしれないけれど、多自然とは「科学的に川をつくりなさい」という考え方です。それまでの川づくりは技術者の経験則（データの統計処理）をベースにしてきた。多自然川づくりはそれとは違って、「自然性」（自然の在りよう）を科学的に詰めて川をつくりなさいということです。壊れたりする偶発的な現象を含めて科学的に処理しないさいと。

私は30年以上、多自然川づくりを手掛けてきて、その延長線上に小さな自然再生があります。根幹にある思想は同じだと考えています。「なぜこの場所に洲が形成されているか」「この洲は今後どのように変化していくか」「なぜこの蛇行や川幅は維持されていくのか」といった点について仮説を立て、答えを導き出すために「見試し」を続けているのです。河道が常に小さな変化をしながらも、大局的には安定していることが小さな自然再生の適地の条件です。そのような場所だと、生き物の棲みかとなる瀬や淵が形成されやすいのです。

小さな自然再生で「見試し」を重ねていくことによって、やがて国や自治体の技術基準が変わり、川づくりが変わっていくと私は期待しています。現状では受け入れられなくとも、やがては。そのように公共事業が変わっていけば、川は市民が求める姿に近づいていくのではないでしょうか。行政が、住民の要望を形にするという原点に立ち返って、みんなが必要と思えるものをつくるならば。

——岩瀬さんはなぜ多自然川づくりを早くから手掛けるようになったのですか。建設省が1990年に多自然川づくりの通達を出した後で、1994年から4年間、わざわざ札幌から単身横浜に移住して、建設省がどの程度本気なのか、河川管理の動向について情報収集していたそうですね。北海道の自然のなかで生まれ育った経験が根底にあるのでしょうか。

自分では自然が好きだとは思っていません。もともとは東京の会社でコンクリート構造物、高架橋とか地下鉄とか、下水道とかの設計をしていました。ダムと空港以外はほとんどやりました。北海道の会社に移った1981年、石狩地方を中心に「56水害」[*2]と呼ばれる大水害があり、川の災害復旧の仕事をすることになったんです。延長10㎞の河道計画を任されて。構造物の設計ができるということで、上流の砂防施設から、人家があるあたりの河川改修、河口の処理工まで全部やらせてくれた。構造物まで手掛けられる人は少ないから、これで食っていけると思っていたら、１９９０年に多自然川づくりの通達が出てショックを受けた。役所で原川（元の川の流れ）を残す河道計画にしなさいとか言われて、９年間の蓄積がご破算になってしまうと。

日本では国が多自然を打ち出す直前の１９８０年代後半、ドイツやスイスで行なわれていた「近自然河川工法」が紹介されてブームとなっていました。その後に多自然が打ち出されたのですが、聞いたところ当時の建設省には以前から、自然に順応的に対応する日本の伝統河川工法を研究する「河川伝統工法研究会」があったそうで、その蓄積の上に官僚たちが川づくりを本気で変えようとしていたのだと思います。たまたま欧州型の近自然工法が持ち込まれた時期と重なったのだと私は理解しています。*3

多自然の通達はショックでしたが、ラッキーだとも思いました。「これはどこにも先生がいないだろう。自分しかできない」と。河川工事と、構造物の設計の両方をできる人、手掛ける人は日本でもそういない。ラッキーと思って自分の実験をやっているんです。

――小さな自然再生は、自然の循環を再生すると同時に、そこにかかわる人をつなぐものだと思います。そこに技術を提供している岩瀬さんは、地域社会の再生といったところまで視野に入れてかかわっているのでしょうか。

そんなことは考えていません。私は技術者ですので、現場があるからラッキー、自分が試したい実験ができる、と思っているだけです。

ただ、技術が人と人をつなぐコミュニケーションのツールであるとは思っています。ああ、これなら自分でも修理できる、経験がなくとも、子どもでもできる。そう思わないと、人はかかわってきません。難しいことをやっちゃダメなんです。共同作業に人を引き寄せるには。誰でもできそうだと思わせるようなものを設計、施工をする技術が大事なんです。

素材にコンクリートを使うと、見る人は「こりゃ役所の仕事だ」と思っちゃう。木材だと、自分たちもちょっとできる、と思う。地元の木材を使ってそういうものをつくることは、そういう維持管理がずっと続いていくことだと私は思います。現場にある木とか、河床の礫（小石）とかは財産なんです。川が何年、何十年かかってそこにためた財産。また流れては来るのだけれど、そうして置かれたものはいわば「動産」であり、木とか石とか、似たようなものをその場所に置くような川のメカニズムは、変わらずそこにあり続ける「不動産」です。そういうものだと思えるか、が大事です。

そのような財産は貯めてもいいけど、使ってもいいじゃないですか。根こそぎ使って再生されないのはまずいけど。河床の礫なんかを使うときは、そういう気持ちで使わせてもらわないとダメだろうと思っています。買ったほうが手間がかからないし安い。システム化されていますから。でも、あえてそこにあるものでやろうというところから、参加者のコミュニケーションが始まる。「共助」が始まります。時間とともに、そうしたモチベーションはだんだんと下がります。ですが、何人かでもかかわってくれればいい。浜中町の三郎川でも美幌町の駒生川

写真3　三郎川の「手づくり魚道」の傍らで、魚道の設置や修理の中軸を担う酪農家と話す岩瀬さん。魚道をつくって以降、住民らは川の様子を気にかけるようになった＝2009年8月、北海道浜中町

でも、何人かはいつも魚道を見に行ってくれてるでしょ。それが大事です［写真3］。

――そのように自然のなかにある木や石を川普請の素材として使うような技術は、近代より前はごく当たり前に各地にあったのだろうと思います。産業革命以降、技術はどんどん高度化して、自然や人間から離れていったように思います。技術と人間の関係についてどのように考えていますか。

技術とは手続きが標準化されていて、順序を追ってそれに従えば誰もが一定の成果をあげることができるものです。梅棹忠雄さんがベストセラーとなった『知的生産の技術』[*4]でそのように書いています。役所でもコンサルタント会社でも、技術者とは定型的なことをやれるスキルをもつ人のことです。技術は「技能」とは違います。熟達した技術者が「技能者」です。技能は技術（標準化された手続き）の世界から外れます。

普通の技術者が熟達した技術者、つまり技能者へと至ることができるか。そのカギは、「なぜ標準的な手続きはそうなっているのか」と探る思考形態がとれるかどうか、です。先に述べたように、技術基準の背後にある思想を知るような。そのために大切なのは、技術の世界にどっぷりと浸かっていない市民の意見を技術者が聞くことです。設計図に対して、「こうはならないのか」「こうしたらいいんじゃないか」という意見。それを設計に反映させるのは、技術者の側からするととても面倒です。１００の意見のうち99ぐらいはどうでもいいことだけれど、1ぐらいはとても大事なことが出てくる。設計した自分がそれは考えてなかったな、考えたほうがよかったな、ということは多々あります。そういう市民の意見や、ものの見方が大事です。小さな自然再生では、土木の素人である市民と対話しながら進めますから、そういう気づきの機会が多くある。

ただ、技術者がそれを受け止めるには、そういう感度がないと。技術者ではない技術者、つまり技能者になる心をもった人でないと理解できません。技術にどっぷり浸ってしまっている技術者を、どうやってそのような心の持ち主に育てたらいいのか、私にはわかりません。

――小さな自然再生には、住民にも、役所にも、技術者にも学ぶべきことが数多くあるように思います。浜中町では、三郎川手づくり魚道の経験を通して、住民が「ともに取り組む」ことの大切さを感じ取りました。第１章でも書きましたが、そうした「共助」の経験を通して共同体を再生することは、異常気象が相次ぐ今の時代、非常に重要だと感じます。

はい、異常気象への対応は、自助や共助なしに、つまりは公助だけではやっていけません。小さな自然再生は、共助のきっかけづくりにもなります。現代社会において共助が簡単に根付くとは思いませんが、きっかけもなければ始まりません。自然再生の経験を通して共同体は変わると思いますが、経験していない人にまで共有したり、伝達したりすることはできないとも思います。そこは期待していません。だから、こういう取り組みがあった、こんな人がいたと記録に残せればいい。

災害に備えるうえで大事なのは、表面的な知識じゃなくて体験的な知識だと思います。30年に1回ぐらい水害を経験して、その体験を伝えてもらうことができれば、災害と、それにどう対応すべきかという記憶はリアルに受け継がれる。そこまでいかずとも、胴付き長靴をはいて身近な川に入って工事をしたりした経験の記憶の一部は体に残ります。なんか少しでもつくれば、大雨が降ったりすると心配で見に行く。見に行くという体験が重要だと思います。自分の体験がそこに残っているという思いがあって見るのと、そうでないのとでは全然重さが違う。身近だから意味がある。

いま国土交通省は「流域治水」という考え方を打ち出しています（終章参照）。異常気象による豪雨で、堤防で囲われた河道内に水を収めきることが難しくなり、堤防の内側にある住宅地

写真4　「月寒川にぎわい川まつり」の一コマ。子どもたちが専門家と一緒に生き物にふれ、魚を釣り、チューブの浮き輪やカヌーで流れを下って、ひとときい身近な川の自然に親しむ＝2023年7月、札幌市（岩瀬晴夫さん提供）

などの地先に遊水地や地下貯留槽などを設けて、水を貯留、浸透させようという考え方です。これには、住民の理解と協力が欠かせません。住民が「小さな自然再生」をとおして身近な川に入り、水とかかわる経験は、こうした治水への理解や協力を広げることになるでしょう。

私は札幌を流れる月寒川という川で、20年ちかく「にぎわい川まつり」にかかわっています〔写真4〕。年1回の行事ですが、子どもたちが水に入って、毎年来ている子はどこが危ないとか深いとか、知ったかぶりして仲間に言ったりしています。魚のいる場所もわかって釣っている。お父さんお母さん方は、魚なんていないと思っている川で、膨大な量の魚が捕れてびっくりするんです。そうすると、増水の時に「あの川のあの魚どうなってんのかなあ」という疑問がわくでしょう。そこから防災が始まると思うんです。

環境学習、防災学習は身近な場所で継続してやることが大事です。身近な場所だから、地域の人たちとの共助の芽が生まれる。防災は、体験的知識つまり「身体知」を備えた人がいることと、身近なことに少しでも関心をもつよう住民の意識を底上げすることが大事です。

――そうして身近な地域の自然や人とかかわる体験を重ねることで、その人が暮らす「空間」に、哲学者の桑子敏雄さんがいう「履歴」（序章参照）が刻まれていくのではないでしょうか。そこが共助のベースとなり、防災にもつながっていくのだと思います。

「空間の履歴」という場合の「履歴」とは、共同体のなか、つまり「共の世界」で重ねた履歴のことだと思っています。それが人格の中に入り込んで来て、人格を形づくるバックグラウンドになる。「個」や「公」の世界での経験は履歴にならないように思います。「共」の世界で重ねた履歴は、確かに共助のベースとなるでしょう。

ただ、冷静に見ないといけないのは、そうした「共の世界」での履歴をもつ人は、現代日本では必ずしも多くないということです。近代になってサラリーマン化した人間は、土地を離れることに抵抗がありません。移動性が高く、地域に根差していない。「空間の履歴」という概念は、移動性の低かった時代の自然と人間の関係にはよく当てはまると思いますが、現代においてあらゆる地域、あらゆる場面でそれを当てはめるのは難しい。自然と人間の関係が変わってしまったのです。深層には残っているかもしれないけれど、現代人の多くは一度、日本の伝統的な環境思想を受け入れる下地を捨ててしまったと私は考えています。高度成長以降の現代日本は、メディアが伝える情報への接触や自動車などの移動手段が身近になり、現代人は広すぎる空間に置かれて、身の丈に合った「空間の履歴」を保有しきれず、定着もできず、浮遊した状態なのだろうと思っています。

自分自身も、空間の履歴をもたない人間だと思っています。そこには北海道の地域性が影響しています。私は北見地方の農村で生まれたけれど共同体での経験をもたず、やがて都会へ出てしまった。私が跡を継がないことを表明すると、父親は、苦労して入植・開拓した土地をあっけなく売っちゃった。土地にこだわるはずなのに、そうではなかった。父親も空間の履歴にシンパシーを感じない人だったと思います。北海道には入植したものの食っていけないなどで離農・離村した後の廃屋が数多くあります。

公共事業を進めていくうえでは、その地域における「空間の履歴」を考慮することは重要と思います。そこにどんな「履歴」があるのかないのか、慎重に見ていく必要があるでしょう。「空間の履歴」は、現状維持もしくは復古を求める感情とつながっていると考えます。現代の公共工事は自然を利用するために現状改変を進めます。地域の人たちの感情を無意識に傷つけていることになります。「空間の履歴」に配慮するならば、感情を傷つけない方向での現状改変を考えなくてはなりません。

具体的には、①とにかく住民の話を聴く、②以前の空間構造（配置）を取込んだ計画・設計を考える、③その計画・設計（案）を住民に提示して了解をとる、④工事に入ったら立ち会いしてもらう――というように、現状改変に要する時間の長さを考えつつ、住民の理解を得るための工程が必要だろうと考え、できるだけ実行してきました。

感情は、一定以上の時間をかけた会話の場を共有するだけで、かなり変化するものです。まして現場を目の前にしての会話は互いの障壁を一時ですが霧散させます。これは「空間の履歴」に宿っている「場の力」なのでしょう。

この「場の力」を借りて、長い時間をかけて育まれた「空間の履歴」を、同じ場で短時間に共有すること。その濃密な時間によって、新しい「空間の履歴」のスタートが切れるのかもしれません。

一方、これまで「空間の履歴」をもっていなかった人が小さな自然再生を通して、自然再生を行なった空間に履歴をもつようになることもあると思います。小さな自然再生は今のところ単発で、履歴というほど積み重ねがないのが実状です。ただ、小さな自然再生をきっかけとして、その場にこだわる人が出てきたら「履歴」の始まりになるでしょう。その場や周辺が住民・市民の活動の場として利用されるようになると、「空間の履歴」は自然と生まれるでしょう。一定の空間と一定の時間、そしてその場のこだわり感。この三位一体の必要条件がそろうと「空間の履歴」が生まれる気がします。

いわせ・はるお／1950年北海道泉村（現北見市留辺蘂町）生まれ。北海道立留辺蘂高校卒、日本大学理工学2部中退。農家の長男で、高校進学時に農家を継がないと決心。高校3年のころから始まった学生運動に触発されドロップアウトしそうになるが、「大学を経験しておこうと日和(ひよ)って」、東京の建設コンサルタント会社に勤めながら日本大学の夜間部に通う。大学はロックアウトの日が多く、休学して建設会社に1年勤めた後で復学したが、学内の状況は変わらず「自分のペースで学ぶ」と決め退学。1972年から「土木技術で食っていく」生き方の模索を始め、建設コンサルタント会社を渡り歩き、1981年、東京の四季の無さに不安を感じて札幌の建設コンサルタント会社に移る。1994年から株式会社北海道技術コンサルタント（札幌）で「川づくり計画室長」を務め、2018年からシステムデザイン室技師長。技術士、一級施工管理技士、上級土木技術者、河川維持管理技術者。応用生態工学会会員。

自然とかかわる技術のあるべき姿
——中村太士さんに聞く

第2章で述べたように、釧路地方の釧路川支流で釧路自然保護協会が取り組んだ魚道の手づくりは、国の公共事業である釧路湿原再生事業のなかに位置付けられた。これは住民が公共事業を先導するかたちで、急がれる対策をスピーディーかつ低コストで実現させたものだ。公共事業による自然再生や、川づくりの在り方に変化をもたらす可能性がある試みと解釈できるだろう。

釧路湿原自然再生協議会の会長を務める中村太士さん（北海道大学大学院農学研究科教授）は、協会による取り組みを高く評価し、国の自然再生事業のなかに位置付けるよう後押しした。中村さんは、自然とかかわる公共事業が抱えるさまざまな問題に、変化をもたらす手がかりを「水辺の小さな自然再生」のような住民発案の取り組みに見出している。

中村さんは世界自然遺産・知床の生態系保全事業にも有識者として加わり、自然とかかわる技術の在り方を考察してきた。現在の公共事業はどんな問題を抱え、それに対して住民が発意する自然再生の取り組みは何をもたらすのか。中村さんの考えを聞いた［写真5］。（インタビューは2022年7月、肩書や事実関係は当時）

写真5　日本最大の淡水魚イトウを抱える中村太士さん。生態系を川の「流域」という視点からとらえ、自然環境や国土の保全などに関する国や自治体の審議会の委員を多数務めてきたが、いま注目するのは「小さな自然再生」という（本人提供）

――中村さんは2010年から釧路湿原自然再生事業協議会の会長を務め、釧路川の蛇行復元、湿原の回復といった事業に意見を述べ、また計画を承認する立場です。再生事業はいわば、高度な技術を駆使して進めた大規模な公共事業が自然環境にもたらしたダメージを、公共事業で再生しようという大規模事業です。日本において、自然とかかわる公共事業には何が欠けていたと考えますか。

北海道大学の苫小牧演習林長を務めた石城(いしがき)謙吉さん（北大名誉教授）が、著書『森林と人間――ある都市近郊林の物語』で次のように書いています[*5]。

林業にせよ、河川事業にせよ、自然に対する仕事がいちばん大きな過ちを犯すのは、計画が忠実に実行された時なのである（133頁）

自然に対する技術であるならば、普通は自然のプロセスを理解して、そのプロセスの一部を模倣して、人間が利用できるように変えていくものであるはずです。たとえば森づくりなら、まずは周辺の母樹から飛んできた種子が発芽できるような環境をつくるとか、地元の種子を採取して苗木を育てるとか。河川技術も同じです。

ところが、現代日本の技術は違う。川づくりでは、自然の川にはない「定規断面」（河川ごとに決められた堤防の計画横断面）を設定するところから始めてしまいます。自然にないものを前提にして、川をコントロールしようとする。一種の思考停止です。自分で考える回路を閉じている。

マニュアルどおりに進めるだけ。それだと責任を問われませんから。そのようにして進められる「自然に対する仕事」が、計画どおりに進められると、「大きな過ち」を犯すと、石城さんは警告しているのです。

自然の川の仕組みを理解するところから入れば、自然の仕組みを大きく損なわずに人間がちょっと手を加えて、うまく利用しようと考えるでしょう。ここで水を利用したいと堰をつくるにしても、ここで氾濫してほしくないからと水制工を造って水の動きを抑制するにしても、自然の営みを維持することが根底にあるはずです。

何千年、何万年という営みのなかで、自然は自然界にあるものを選択してきたのです。最終氷期以降でそのような選択の試練を受けたものが今残っているのです。洪水、地滑り、地震、津波といった自然攪乱の試練を幾度も経験したうえで現在の姿がある。その営みを維持していくことをベースにしないと、技術が間違った方向へ行くと思います［写真6］。

石城さんの言う「計画が忠実に実行された時」というのは、計画を行なう人たちが思考停止に陥り、自然の営みを生かしながらどのようにして目的に合った事業にもっていくかというプロセスがすっぽり抜け落ちた状態のことです。

——食料増産、宅地の開発、土地利用の促進など、かつて大規模な開発事業が進められた背景には、時代の要請もあったことは間違いありません。ですが、なぜそこまで自然にかかわる技術から、まず自然のプロセスを理解するという基本が欠け落ちてしまったので

写真6　激烈な雨による洪水で大量の樹木が流され、河岸が削られるなどした北海道・空知川の支流。豪雨などの自然現象は森や川の生態系を攪乱するが、それは新たな生命が育つ機会をも生み出す＝2016年10月、北海道南富良野町

しょう。日本人の自然とのかかわりが変質したことが影響しているのでしょうか。

技術の進展や高度化のなかで、日本では生業（なりわい）と自然が分離してきたように感じます。たとえば森を管理して、樹木が成長した分、いわば「成長の利子」を利用して営むのが「持続可能な林業」のはずです。それが、樹木を皆伐して「元本」をゼロにして、苗木を植え直して速く成長させるという、自然の営みとは隔絶したかたちに変わってしまった。漁業でも同じです。増えた分だけ捕るのが基本のはずですが、帰ってきたサケの9割を食料資源として捕獲して、残る1割の親魚から孵化増殖事業で稚魚をつくり、放流するのが当たり前になってしまった。生業と自然を、別個のものとして扱うようになってしまったのです。

川や森など自然を取り扱う技術を、橋や道路を扱う技術と同じように取り扱い、自然を改変する。

そんな歴史を積み重ねてきたように思います。今から生業を自然の営みと調和したかたちにして、生業を発展させられるのかわかりません。テクノロジーに頼る人は、自然との調和という方向ではなく、遺伝子を編集して植物や魚の成長を速めるとか、そういう方向に行くかもしれません。ですが、それでは自然を扱う技術からどんどん離れていくことになる。

「水辺の小さな自然再生」は、自然のリズムや摂理に即して、生業を考えなおしていくことにつながると思っています。私がこの取り組みを評価する理由はそこにあります。生業を自然と分離させず、自然の恵みをもらいながら、時に遊んだりもしながらやっていくほうがまともだし、持続可能なのではないでしょうか。人間が関与しながらも、行き過ぎないように考えながら自然と付き合うやり方のほうが。自然からの恵みを実感できるような、自然とのつながりがあったほうがいい。

――釧路湿原や浜中町での農地開発が進んだ戦後の経済成長のなかで、自然を生産の手段としてしか見ない傾向が強まったように感じます。河川工学者の大熊孝さんも、自然を収奪の対象としてしか見なくなったことに警鐘を鳴らしています。そうして自然の仕組みや摂理を見る目を失ったなかで、津波や洪水、地震、地滑りなどの自然災害が起きると、私たちは対処の仕方がわからず途方に暮れてしまいます。

たとえば洪水は被害をもたらす一方、土地を肥沃にするという恵みをももたらすものです。

日本の伝統的な治水の技術である霞堤は、それをよくわかったうえでの自然な洪水の治め方でした。堤防を不連続にして、あふれる水をいったん流域の土地で受け止め、再び堤から川へ戻す。被害とともに恵みを受け止める技術です。ゲートを造ったりして管理する手間も費用もありません。

　ところが近代以降は、どこでも堤防の内外を完全に仕切って分離してしまう。洪水はゲートを設置して上げ下げして対処し、流域の農地は肥料を購入して肥やすのです。人口が減る時代に、それが持続可能でしょうか。ゲートや農地の管理を誰がし続けるのでしょうか。自然とマッチしたかたちで仕事や生活のスタイルをつくっていく必要があるのではないでしょうか。

　霞堤のある場所で洪水をいったん陸地に引き込んで受け流すには、浸水する土地の持ち主の同意が要ります。その調整には地域コミュニティの力が必要です。ある人が被害を受ければ共同で補償したり補修したりするようなつながりです。「コモンズの悲劇」を引き起こさないための知恵が日本社会にはあったはずです。禍（わざわい）を受け流し、壊滅には至らせないための知恵です。それが失われ、土石流の恐れのある扇状地や洪水常襲地の低地帯に家を建てるなど、人口の増加が背景にあるにしても、知恵があまりに見失われてしまったように思います。

　私の恩師の東三郎先生（北大名誉教授、故人）は、「森をつくるということは、そこに人を住まわせない、その土地を開発させないことでもある」と話しておられました。そのような賢さを人はもっていたはずなのに、防潮堤やダムなどの防災施設があれば、その場所がどんな場所かも考えないで家を建ててしまっている。もはや、先人の教訓は受け継がれないと考えたほうがよいでしょう。受け継がれなくともなんとかなるようにしていかねばなりません。教訓を可視化して、感覚としてリアルに体験、理解できるようにするとか。

――そうした社会に、「水辺の小さな自然再生」は何をもたらすでしょうか。一つひとつは実に小さな取り組みです。広がったにしても、公共事業の在り方や社会を変えるほどの力があるのかわかりません。簡易魚道などを住民が維持していくのも大変です。

2002年に自然再生推進法ができて、公共事業による自然再生が始まりました。私は、自然再生のようなお金も規模も大きい事業を市民がやるのは無理だと思っていました。でも、事業にかかわってわかったのは、行政機関は自分たちのテリトリーのことしかやらないということです。治水課なら川だけ、森林整備課なら森だけ。それぞれに近年トレーニングされていて、協議会などに上がってくる事業プランは悪くないし、有識者や住民への対応などで苦労すれば進め方のノウハウを会得していくでしょう。でも、一つの場所でやったことが、他の場所での事業に生かされることはまずありません。うまくいったところはあっても、そこで終わっちゃう。

2003年に釧路湿原の自然再生が始まってもう20年になりますが、正直言って担当機関の熱量は下がってきていました。その時に自然保護協会が魚道づくりの必要性を訴えてきた。今やらないと、ただでさえ小さなイトウの個体群が安定した状態に維持されないとよくわかりましたが、行政はなかなか動かない。でも、小さな自然再生で民間がやれば、10年くらいはもつだろうし、その間にイトウの個体群を膨らませることができるだろう。ならやってみるべきだろう、と行政に提言したのです。

手づくり魚道はいずれ壊れる。でも、壊れることを否定し、小さな自然再生を否定したら終わりだなと思います。自然の流れに抵抗せず、壊れることも受け入れながら進めるのが小さな自然再生。そこにはコミュニティの力と、地域の技術が必要になります。小さな自然再生に必要なのは、かかわる人たちのチームの力です。そうした市民が発案するボトムアップの取り組みを生かすことが、自然再生を地域に根付かせるためには重要です。それを行政が応援するのは当然だろうと、関係機関には強く言いました。市民がきっかけをつくり、行政が後追い的にサポートしていく仕組みをつくれないかと。話し合いの末、それぞれの担当者は納得してくれました。

――「地域の技術」が地域で受け継がれていくことが重要という考えですね。哲学者の桑子敏雄さんは、近代の技術が「空間」という考え方を捨て、地域性を失って標準化されすぎたことが自然破壊を招いたと指摘しています。

そう思います。公共事業で自然にかかわる行政マンも、頑張った人は成長してくれる。でも、2年ほどで別の部署に異動してしまいます。だからこそ、その地域に住んでいる人がかかわることが大切なのです。一部であっても、技術がそこで引き継がれれば、世代を超えて継承されていくのではないかと思っています。地域という「空間」と、そこである時代を生きたという「時間」のなかで、自然と付き合ってきた人ほど自然を大切にします。釣りでも山菜採りでも、あるいは薪を採るのでも、少しでも自然とかかわること、恵みを実感できるようなことがあれば、人びとの認識は変わっていくと思う。

それをベースとして、自然とかかわる技術も変わっていかねばならないと思います。高度成長の時代につくった構造物は、マニュアルどおりにしかつくっていない。自然を見て、ここが危ない、こういう構造なら自然にあまり悪さをせず、自然の力をいなすことができるとか、必要性を考えてつくるのではなく、ともかくつくることを前提としてつくってきた。自然と付き合えば付き合うほど、技術者は悩み、考えることになるはずです。そういう技術が必要です。

自然は、洪水や津波、地震など大規模な攪乱を起こしても、被災地域を「ゼロ」にはしません。レガシー（遺産）が必ず残ります［写真7、写真8］。たとえば洪水によって川の姿が変わっても、ある種の魚には棲みやすい場所が生まれたり、運ばれた土砂で植物が生えやすい地形ができて成長の速い植物がまず育ったりしていく。地震や津波で地下水位が変動して湧き水が復活し、生き物が棲めるようになった場所もある。地滑りで森が消えたように見えても、必ず次の世代の萌芽がある。それらのレガシーが、自然の甦る力、つまりレジリエンスを高めている。それをリセットしてはいけない。壊れているのではない、攪乱を起点に甦る、だからレガシーをよく見て、待て。災害復旧の現場で、私はそのように関係機関に求めています。

写真7　米国では1980年代から、撹乱後に残された植物、倒木、種子などの「生物遺産」を維持すべき要素としてとらえる「保持林業（retention forestry）」が実践されてきた。写真はオレゴン州での保持林業の現場で、皆伐せずに一部の樹木を残して伐採収穫したのち、山火事（ここでの主要な森林撹乱）を模倣して火を入れたあとの状況（中村太士さん提供）

写真8　北海道芦別市の保持林業の実験地。ここで中村さんは、トドマツ人工林を伐採収穫した時に侵入している広葉樹を残して、生物多様性に配慮した施業の効果をみている（中村太士さん提供）

――ただ、災害復旧事業は交付金や補助金の期限が限られ、自治体はその期間に慌てて進めるのが常態化しています。財政の仕組み上、仕方ない、と行政機関は言いますが、これも自然の仕組みやサイクルと合っていません。

災害復旧では、元の形に戻すことが前提となります。レガシーをよく見て、それを生かすのが本来あるべき姿ですが、そのような事業が計画できない構造です。どう考えても、自然はそんなに壊しません。生物種を減らしたりしません。徹底的に生物種を減らしてしまうのは、災害後の復旧工事です。生き物から見れば、多自然型工法を持ち出したりするより、まず自然の遺したものを置いておけば回復力は高くなります。豪雨や地震で出た倒木を全部取り除いて植えなおすより、自然が回復するのを待つことがずっと大事です。やがて斜面の下部から緑は伸びていきます。

そのように自然の営みに逆らわない技術を広げていくために、小さな自然再生はとても重要だと思っています。

――とはいえ、浜中町の三郎川手づくり魚道の例を見れば、小さな自然再生を長期間、地域で維持していく負担は小さくありません。いずれ何らかの決断、たとえば撤去とか、美幌町の駒生川のように、公共事業による魚道設置に置き換えていくといった選択が必要になります。どう考えていくべきでしょうか。

どんなことであれ、ずっと続けるのは難しいことです。役所の事業も、実体験がないと受け継がれない部分があり、継続は簡単じゃない。でも、書き物で残すなどしていくことで、事例として、だれかのためのヒントとして残っていくと思います。われわれは書かれたものに惹かれ、悩みながら、目の前にある課題の答えを具体化してきた。自分なりに考えながら、技術を高めてきたように思います。

前例と同じようにはできません。でもヒントにはなります。結局は自分の頭で考えてやるしかないにしても、大きな手掛かりになります。さまざまな手づくり魚道の事例は、身近な自然を再生したいと思う人たちのヒントになるでしょう。そこに希望があると思います。

なかむら・ふとし／1958年愛知県名古屋市生まれ。北海道大学大学院農学研究科林学専攻修士課程修了。農学博士。北海道大学農学部講師、助教授を経て2000年から教授を務める。1990〜1992年に米オレゴン州立大学で生態系管理学を学び、森林と川のつながりなど、生態系間の相互作用を土地利用も含めて流域の視点から研究。日本森林学会賞、生態学琵琶湖賞、日本農学賞、北海道科学技術賞、紫綬褒章などを受賞（章）。日本森林学会会長、応用生態工学会副会長などを歴任。中央環境審議会、国土審議会、社会資本整備審議会の委員、釧路湿原自然再生協議会会長などを務める。

注

＊1　本書「『小さな自然再生研究会』の取り組み」参照

＊2　1981（昭和56年）8月上旬と下旬に台風の接近により北海道で起きた大雨災害。上旬の同月3～6日は岩見沢で降水量410㎜を観測するなど、石狩川流域で500年に1度とされる大雨となった。堤防決壊、道路寸断などにより全道で死者8人・重軽傷14人、全半壊住家106、水田・畑地の流出・埋没1372㏊と甚大な被害が生じて被害総額は約2705億円に達した。下旬の22～23日も登別で降水量289㎜など大雨に見舞われ、全道で死者2人・重軽傷54人、被害総額は約904億円に及んだ。これを機に、北海道開発局は日本海へ注ぐ石狩川水系千歳川の治水対策として、千歳川の洪水を太平洋側へ流す千歳川放水路計画を策定したが、漁業や環境への影響を懸念する団体などからの強い反対もあって膠着したうえ中止となり、治水対策は堤防強化や遊水地の造成などに切り替えられた。「ほっかいどうの防災教育ポータルサイト」http://kyouiku.bousai-hokkaido.jp/wordpress/ndl/などを参照

＊3　第1章注9参照

＊4　梅棹忠雄『知的生産の技術』（岩波新書、1969年）

＊5　石城謙吉『森林と人間―ある都市近郊林の物語』（岩波新書、2008年）

終章

小さな自然再生がひらく未来

桜の植樹に託す再生への願い

苗木に願いを

青く澄みわたる初秋の空の下、穏やかに凪ぐ釜石港を望む「グリーンベルト」と名付けられた盛り土の上に、80人ほどの大人や子どもの姿があった。スコップやじょうろを手に、楽しげに言葉を交わしながら、彼らは高さ3mほどの桜の苗木を植えこんでいった。

グリーンベルトは東日本大震災の後、岩手県釜石市の釜石港沿いに設けられた堤状の盛り土避難路である。水際の防潮堤（海抜6・1m）の少し陸側にあり、高さ8～12m、長さ約600m。上部に敷かれた舗装路は、高台にある緊急避難場所につながっている。港の周辺にいる人たちがすみやかにそこへ逃げることのできるよう造成され、再建された釜石港湾口防波堤、高さを増した防潮堤とともに、津波から市街地を守る「多重防御」の役割も期待されている。

2022年9月10日。平素は市民が憩う散歩道となっているこの盛り土の上で、釜石市が住民団体「釜石に桜を植える会」とともに、桜の植樹会を開いたのだった。植えた桜はヤエベニシダレ、エドヒガン、カンザンなど80本。野田武則市長（当時）も加わり、盛り土の上や斜面に掘った穴に苗木を入れ、肥料とともに土をかけ、水をかけ、踏み固めた。そして、桜に寄せる思いや願いを書き入れた小さな板を、それぞれが植えた木にくくり付けた〔写真1〕。

釜石小学校の4年生、元持玲音（もともちれお）君は、「2022年9月10日に植えたけど、どれぐらい大きくなったかな？」と、将来この木を見るであろう自分に宛てたメッセージを書き込んだ。取材をかねて参加した私に、「絶対に忘れずに見に来たい。釜石から離れないで、桜と一緒に大きくなりたい」と、元気に思いを語ってくれた。

そう、今は太さ2㎝ほどの苗木が大きく育ち枝を広げるのは、彼らが壮年になるころだ。「植える会」の事務局を務める市内の僧侶、芝崎惠應（えのう）さん（1956年生まれ）は、こんなあいさつで参加者を苦笑させて植樹会を締めくくった。

「植えた桜が大きくなった姿を大人の皆さんは見られません。楽しめるのは子どもたちだけでしょう。大人は草葉の陰で見守りましょう。子や孫に残る桜と期待して、『植える会』は、あちこちに桜を植え続けてきました。今日が最後の植樹になります」

市民の手で

津波で惨憺たる姿になった釜石の街に、市民の手で桜を植えて、「故郷の風景」を再生しよう。

写真1　グリーンベルトでの植樹会で、桜の苗木を植える地元の子どもたち。幹には「いっぱいはながさいてほしい」などと願いを書き込んだ小さな板を結わえつけた＝2022年9月

市民17人で立ち上げた「釜石に桜を植える会」は、そう呼びかけて市の内外から寄付金や苗木の寄贈を受け、2013年から30カ所以上に948本の苗木を植え、植樹を希望する市民に423本を提供してきた。津波をかぶった場所に再建された公園、高台に造成された宅地、福祉施設、郵便局、ラグビーワールドカップ大会が開かれた復興スタジアムの周辺——。

グリーンベルトにも2016年に76本を植えており、今回は2度目の植樹だ。いずれは桜の並木にして、海からも見える新たな花見の名所にしよう。立派に育てば、新たな津波が襲ってきたときに、波の勢いを弱める役割をも果たしてくれるだろう、と期待して。

震災で被災した各地で、桜の植樹は珍しくはない。各地から集まったボランティアの手を借りて行なうケースもあるが、「植える会」は「住民が自ら動いてこそ意味がある」と、市民の手で植えることを基本にしてきた。

会の設立の発端は、会長を務めた私の父中川淳が震災翌年の2012年4月、「復興釜石新聞」に「桜は咲くだろうか」と題して書いた1本のコラムだった。*1

> 昨日も車を走らせながら、「花を咲かせて」と祈った。海水に洗われて市民の願いもむなしく枯れてしまった陸前高田の「一本松」ほどではなくても、それぞれの地域によみがえってほしいと願われている樹木があるのではないだろうか。一本の桜が、あるいは松並木が故郷の風景を作ってきたのだから。津波で町の大半が流失した嬉石(うれいし)の国道の桜が満開になったら、どんな景色になるのだろう

「嬉石の桜」とは、震災前、釜石市嬉石町の海辺を走る国道45号沿いに、30本あまりあった桜並木のことである。春まだ浅いころ、着慣れぬ詰め襟やセーラー服で高台の中学へ急ぐ新入生を薄紅色に包む並木であった。震災の大津波は、国道の両側に取り付けてあった高い遮音板をはるかに越えて、この桜並木を飲み込んだのだった。

それでも嬉石の桜並木は大津波に耐えて残り、翌年の春の訪いを前につぼみを膨らませた。父のコラムを読んだ人びとから、父に電話が入った。「嬉石の桜、つぼんでたよ」「桜はつええなあ」と。苦難の道を歩む人びとは、津波を受けてなお、春を迎えて命の証しを立てる嬉石の桜に、生を受けたものの強さと、生きねばならぬ宿命を見たのだった（残念なことに、この桜並木はその後、国道の付け替え工事のため伐採されてしまった）。

「釜石の復興記念事業の一つとして桜の名所を作る声を上げてみるか」と続けたこのコラムに、「弘前に負けないような桜並木をつくろう」「市民一人ひとりが思いを込めて桜を植えましょう」などと、賛同する声も寄せられた。

コラムの続編で父は「桜を復興のシンボルに」と題して、こうした声があったことを紹介して、こう呼びかけた。[*2]

うれしいことに国道45号線の嬉石の桜も咲きそうだという知らせがあった。津波に洗われても春には花を咲かせる桜の生命力を釜石のシンボルにしたいものである。町

づくりを主導する市と、明日への希望を胸に抱く市民が力を合わせる歴史的事業の一
　つになるのではないだろうか

「先生、やっぺし」。震災前から寺の檀家とともに、枝垂れ桜を釜石で植える活動をしていた芝崎さんが父を促し、賛同する市民とともに「植える会」を発足させた。釜石の街のあちこちに震災の爪痕が色濃く残る2012年の夏だった。

希望をもとう

そんな思いを込めて植えた桜だったが、思うようには育ってくれなかった。

植えた苗木の6割がシカの食害に遭って枯れてしまった。周りを保護ネットで囲っても容赦はない。グリーンベルトに植えた76本も、50本以上がシカの食害で枯死し、2022年6月に食害防止のネットを直接苗木に巻いて52本を植え直した。

「あちこちに桜を植えながら、人間のできることの小ささを感じてきました」。芝崎さんはこれまでの歩みをそう振り返る。

芝崎さんは、釜石市東部の市街地の高台にある日蓮宗の寺「仙寿院」の住職である。彼が東日本大震災の際に見た壮絶な光景が、石井光太氏のノンフィクション『遺体　震災、津波の果てに』に描かれている。[*3]

当時、芝崎さんは仙寿院に避難した人たちを受け入れながら、居ても立っても居られず、多

くの遺体が運ばれた旧釜石第二中学校へ向かった。読経を促され、お経を唱え始めると、すぐ近くで一人の女性が幼子の遺体に取りすがって泣き始めた。

恵應は涙腺がゆるむのを感じてかたく目を閉じ、感情を押し殺してお経をつづけようとする。僧侶ともあろう者が、警察や市の職員の前で涙を流すわけにはいかない。だが、母親の痛々しい声を聞いていたら、こみ上げてくる感情を押えることができなくなる。恵應にも娘がおり、彼女の悲しみが我が事のようにつたわってくるのだ

（194頁）

苦悩しつつ読経する芝崎さんの頭に、一人の老女の姿がよぎる。津波が町を襲った日、寺に避難した人びととともに、眼下の凄まじい光景に圧倒されていた芝崎さんの前で、老女は流されていく家の窓から身を乗り出し、細い腕を振って必死に助けを求めていた。やがて家は他の建物にぶつかって砕け散り、その姿は見えなくなった。

津波に襲われた町で、こうした地獄絵のような光景が、どれだけあったことか。その記憶の残る風景のなかで、肉親や友を失いながら、それでも人は生きてゆかねばならなかった。芝崎さんは寺に避難した人たちを支え、仮設住宅で講話をし、悲嘆に暮れる人びとを励ましながら、その表情の変化を感じてきた。被災直後は「何かしなきゃ」と張り詰めていた気持ちがやがて薄らぎ、引きこもりがちになり、皆でいる時は笑顔でも、一人になると遠くを見つめて、一瞬、

無表情になる人が増えていく。「希望なしに人は生きてゆけない。桜を植える会の活動は、希望をもとうというメッセージです」。芝崎さんは私に語った。前述のように、植えても育たなかった桜は少なくないが、それでも「できることはするのだ」という意思こそ大切だ、あきらめずに、地域の再生への意志をもち続けてゆこうと。

その意志と希望をもち続けるのは、たやすいことではないのだろう。「残念なことに今、復興関連の会議で市民から出るのは、『これができないから市でやってくれ』という要望が大半です。でも、復興は住民自ら動いてこそでしょう。自分たちの命を守る町を自分たちでつくり、その体験を後の世代に伝えていかねばならないのに」。2022年9月の植樹に加わった私に、芝崎さんは歯がゆそうな表情で漏らした。

石を割る力

芝崎さんや父ら「植える会」の人たちが、格別の思いを寄せる桜がある。

岩手の名桜として知られる盛岡市の盛岡地方裁判所にある国の天然記念物「石割桜」の種子から育てた桜だ。石割桜は樹齢350~400年。周囲21mの花崗岩の巨石を太い幹で真っ二つに割り、悠然と枝を伸ばし、春には繚乱と咲き誇る。さまざまな事情を抱えて裁判所を訪れた人びとに、生きる者の強さを伝え、深い感懐を与えてきた桜である。

この名桜の種子を地裁から譲り受けて、育ててはどうか。そう勧めてくれたのは、「植える会」の顧問である日本さくらの会の「桜守」、北海道七飯町（ななえちょう）在住の浅利政俊さん（1931年生まれ）だった。「北の桜の名所」として知られる北海道松前町で数多くの新しい品種を生み出し、道内各地で桜を育てる住民たちを手助けしている浅利さんは、取材を通じて懇意だった私を介して「どんな品種を植えたらよいか」と相談した父に、このように語ったのだった。

「それぞれの土地には、それぞれにあった桜があるのです。岩手の地に植えるなら、ぜひ岩手の桜の実から育てた桜をお植えなさい。岩手を代表する盛岡地裁の『石割桜』は、品種でいえば江戸彼岸（エドヒガン）です。吹き付ける潮風に耐え、根もしっかり土をつかむ丈夫な品種です。巨石を割って300年も咲き続ける江戸彼岸の力強さこそ、災害から立ち上がる釜石にふさわしい」

助言を受けて、父は私とともに2012年11月、盛岡地裁を訪ねて、これまで外へ出したことのないという石割桜の種子を譲ってほしいと懇請した。幸い地裁の理解が得られ、父や芝崎さんら「植える会」の会員は翌年、石割桜の周りに落ちた種子を一粒ずつ丁寧に拾い集めたのだった。その数4千粒あまり。県内の専門機関の力を借りて苗木に育てようとしたが、桜を実生から育てるのは難しい。ようやく移植に耐えられる大きさになった29本のうち、育ちの良い8本を、「植える会」は釜石港沿いのグリーンベルトなどに植えた。

けれども、それも食害に遭うなどで、皆の期待をよそに7本は枯死してしまった。専門機関で育てていた残りの21本も、残念なことに移植に耐えられるようにはならなかった。

植えた8本のうち、唯一残った「石割桜の子」は、大津波が襲った海辺を見下ろす釜石市東部の山すそで、地域の人びとに丁寧に世話をされながら高さ4mほどに育っている。杉林を背にして、釜石の土を根でつかみ、枝を広げて天に向かってすっくと伸びている。やがて「故郷の風景」をつくる桜となってくれるだろうか。

２０２１年２月、私とともにそこを訪れた芝崎さんは、４千粒の種からたった１本だけ育ったこの桜を、かすかな笑顔で見上げながら言った。

「ようやく咲いてくれるかなあ」

芝崎さんの言うように、人間ができることはかくも小さい［写真2、写真3］。

写真2　「植える会」が4千粒あまり拾い集めた種子から唯一育った「石割桜」の子ども。釜石市東部の山すそで、地域の人に世話されながら、しっかりと根付いている＝2023年5月（芝崎惠應さん提供）

写真3　植えた桜を見上げる「植える会」の芝崎惠應さん。「会の活動は、希望をもとうという市民へのメッセージ」と語る＝2021年2月

空間の改変と小さな自然再生

遠い存在

本章で「釜石に桜を植える会」の取り組みについて書いたのは、桜の植樹は自然再生ではなくとも、「水辺の小さな自然再生」に通じる部分があるように思うからである。

前述のように、東日本大震災の被災地のあちこちで桜を植える市民の動きがある。岩手県陸前高田市では、津波の到達点に「津波がここまで来た」という記憶を後世に伝える「生きた災害伝承碑」として、桜が植えられていた。それら植樹活動のもつ意味は、震災の記憶の伝承や、「町の彩り」「楽しみの場」「観光資源」としての桜並木をつくるだけのものではないように、私には思える。

序章で述べたように、被災地の風景は大きく変わった。巨大な防潮堤や水門、河川堤防、壮大な盛り土の上に造られた宅地、整然とした街路や公園、真新しい市民ホールやスタジアムなどの建築物――。それらは「大きな再生事業」で構築されたものだ。第2章で紹介した釧路湿原の自然再生事業と同様に、巨額の資金や時間、技術力が必要とされる公共事業である。

そうした大きな構造物に、住民がかかわりをもつのは難しい。当たり前だがコンクリートは堅牢で、傷んでも市民が修繕できる類のものではない。第1章、第2章で述べた手づくり魚道のように、地域に住む人びとが日々その構造物の「無事」を確認し、壊れれば協力しあって補修をするようなことはできない。近くにあるけれども「身近」には感じられない、言わば「遠い存在」だ。

耐久性が求められる防災施設や道路である以上、それは当然のことだ。だが、「遠い存在」である構造物が大きな割合を占める空間のなかで、住民が地域の風土とかかわりを結びながら、さまざまな「履歴」を重ね、それら履歴が蓄積された空間に愛着を抱くことは、容易ではないように思える。

「釜石に桜を植える会」などが試みている桜の植樹は、そうした空間に、住民たちが手作業で「履歴」を書き込み、「故郷の風景」を再生することだ。

港沿いに公共事業で造られたグリーンベルトという大きな構造物に、あるいは盛り土をして造成された宅地の公園の周りに、地域の人びとが手を動かし、汗をかいて苗木を植え、それら構造物が構築された空間へのかかわりをもっていく。植えた後も、シカに樹皮を食われてはいないか、大風で倒れてはいないか、順調に育っているか——と、木々を気にして折々、桜のもとに足を運ぶ。植えた苗木の手入れをする催しがあれば、きっと参加するだろう。見事に花を咲かせれば、あれは自分が植えた木だと語って聞かせるだろう。

行為一つひとつが個人の履歴となり、やがて「空間の履歴」となってグリーンベルトや公園などの空間に蓄積されていくのだ。そうして自らや共同体の履歴が蓄積された空間に立つとき、人はその「風景」への愛着を取り戻せるように思う。

桜の植樹とは、グリーンベルトといった無機的な空間に、生命の気配を吹き込むものであるのだろう。震災と復旧・復興事業によって大きく変えられてしまった空間への違和感、喪失感をやわらげ、変化を受け入れていくために必要なもののように思える。

新たな履歴を

ひるがえって農業土木事業や治水事業によって大きく改変された河川空間においても、コンクリートの護岸や落差工といった「遠い存在」に対し、住民が互いに力を合わせ、行政や企業などと協働しながら自分たちの手で改変を加え、維持管理をしながら継続的にその空間にかかわりをもつ「水辺の小さな自然再生」は、同じようにその空間で人びとが「履歴」を重ねることにほかならない。

前章でインタビューした河川技術コンサルタントの岩瀬晴夫さんは、序章で紹介した哲学者の桑子敏雄さんと直接対話する機会があり、桑子さんが著書『環境の哲学』で示した「空間の履歴」という概念に大きな衝撃を受けたという。岩瀬さんは、「空間の履歴」という概念についての彼なりの理解を、私への私信でこう書き送ってきた。

空間はそれまでの履歴を内蔵しつつ、履歴を加え続けている。すなわち、過去の履歴を無理解なまま、現在の空間を理解しようとしてはいけない。過去の履歴は、個人の胸の内、個人の記憶として存在している場合がある。存在理由の重要性は本人にしかわからない。本人のアイデンティティーの一部が、この空間の履歴にある場合がある

慣れ親しんだ空間を見たとき、今までその空間で見聞きした事物や自分自身の活動・経験などを、諸々の思い出とともに想起できる。このとき、個人差があるが、想起した思い出を、その場の空間と一致させたいという気持ちが発生する。その空間にかけがえのない価値を見いだす人がいるのである

そしてこのような理解の上に立ち、川づくりや三郎川魚道の設置にかかわった経験を踏まえて、岩瀬さんは私信でこう続けた。

川の環境を業務にしてきましたが、地元民と話すと「思い」を訴える人によく会います。この「思い」は、根っこでその人の「空間の履歴」が横たわっている、と理解すると興味深く聞くことができるようになりました。と同時に、私や行政の河川技術者が、現地の人の「空間の履歴」に土足で踏み込んでいたことに気づきました

序章で述べた津波被災地の復旧復興事業も、第1、2章で取り上げた農村地帯における農地開発事業も、そこに履歴をもち、「かけがえのない価値」を感じる人びとがいる空間を、圧倒的な力で改変することにほかならない。治水事業も同じだ。

被災地の復興や農業の生産性の向上、水害の抑制は住民の求めるところであっても、第1章で述べたような河川工学者の大熊孝さんのいう「大技術」による空間のあまりの激変は、心情的な反発を呼んでしまうことがある。空間に蓄積された履歴が著しく損なわれたことに、あきらめにちかい感情を抱き、愛着を失ってしまう人もいるだろう。その空間への「思い」あればこその反応なのだろう。

三陸地方では人口減少が止まらない。2011年3月の震災直前の時点に比べると、被害が大きかった岩手、宮城、福島3県の沿岸周辺42市町村では21年2月時点で人口が6％減り、う

ち17市町村は減少率が20％を超えた。[*4] もともと地場産業が衰退して人口流出は深刻だった。そのうえ津波で家財を失い、時間のかかる宅地の復旧復興を待ちきれず、あるいは津波再来への懸念から、子どものいる都会や、内陸へ移った人もいて、震災後に整備した宅地や災害公営住宅は、空き地・空き室が問題になっている。

もちろん、転出はそれぞれの家庭事情、経済事情があっての選択だ。けれどもその苦しい決断の背景に、「空間の激変」が招いた「愛着」の喪失がありはしなかっただろうか。

中・小技術で

人が空間への愛着を失うことなく暮らし続けるにはどうすればよいのか。

岩瀬さんは私信にこのように書いている。

「お上の威光」が過去のものになった現在、「空間の履歴」を感じ取れる人が公共事業という「空間の改変」に従事することが、時代の要請なのかもしれません。公共の福祉増進のための公共事業による「空間の改変」と個人を豊かにしてくれる「空間の履歴」。その架け橋が「小技術・中技術・大技術」ではないでしょうか

技術の「大・中・小」とは、前述のように大熊孝さんが著書『技術にも自治がある』で示した、技術の「私的段階」（小技術）「共同体的段階」（中技術）「公共的段階」（大技術）のことである。

治水に即して言えば、小技術とは家屋の土台のかさ上げなどで「自らをどう守るか」、中技術とは地域共同体による水防活動などで「自分たちの地域をどう守るか」、大技術とは公共事業による治水などを通じて「為政者として河川をどう扱うか」を考えるものである。岩瀬さんはこう続ける。

身近な「空間の改変」に、大技術をもってくることは、その人の「空間の履歴」を圧倒的な力で改変することにつながり、心情的な反発を起こすこと、必須です。人が変わるには時間が必要です。時間をかければ、知恵も出てくるでしょう。ですから、「空間の改変」には、時間がかかる「小技術・中技術」が欠かせません。時間をかけることで、その人の「空間の履歴」が傷つくことなく、状況の受け入れも可能になる気がします

個人でできる小技術や、コミュニティで取り組む中技術を駆使して、自分たちの住む空間の自然に働きかけて、自分たちの手で何かをなし、維持管理すること。魚道の手づくりは、そのような作業だ。手作業がベースであり、重機などを駆使して空間を大きく改変するわけではない。シンプルな構造であれば設置作業自体はスピーディーだが、設置許可の取得や資材、要員の手配などの準備作業や、その後の維持管理も含めれば、住民がその場所と構造物にかかわりをもつ時間は長くなる。その間に、その魚道の在り方や維持管理の仕方について、何らかより

よいアイデアが生まれてくるかもしれない。

そのように空間の変化がゆるやかであり、人がその空間にかかわる時間も長くなれば、心情的な反発は起きにくいと岩瀬さんは言うのである。大技術を駆使する公共事業は年度で区切られ、基本的にその期間内での完結を求められるが、それは人間の心理のなかにある「時間のとらえ方」とは相いれない側面をもっている（加えて言うなら、第3章で中村太士さんが述べたように、現代の公共事業における自然に対する技術は『自然の時間の流れ』とも相いれない）。

ここに小・中の技術がもつ意味がある。

たとえば、戦後の大規模な公共事業によって改変され、第1章で述べた浜中町の三郎川や、第2章で述べた美幌町の駒生川のように、生命の気配が乏しくなってしまった空間を再生しようとする際、小・中の技術は有効なツールとなりうると私は思う。単に生物の生息環境を改善するにとどまらず、流域住民の自然とのかかわり、人とのかかわりを再生し、空間への愛着をも再生するものになる可能性がある。

自然環境の修復を試みる際に、大技術だけではなく、それと組み合わせ、あるいは単独で小・中の技術を用いること。第2章で述べた釧路地方の釧路川水系での取り組みがその一例となる。大技術と、小・中の技術が補完的に機能したときに、何が可能になり、どのような道が開けるか。釧路川水系の今後は、それを示すものになるだろう。

履歴を重ね続けることの意味

「壊れなさ」の追求

とはいえ、共同体の力が失われてきた現代において、手づくり魚道のように「壊れない」とは言えないものを維持管理する作業は容易ではない。雨風など気象の変化を常に気にかけ、観察し、話し合い、労役や資材を提供し合う。骨の折れる仕事だ。

けれども、あえてそれに挑む人たちは着実に増えている。浜中町や美幌町の農家、釧路地方の自然保護協会や流域の住民たち、そして全国各地で「水辺の小さな自然再生」に取り組む人たち。「小さな自然再生」研究会の和田彰さんが語ったように、「壊れない」とは言えないものをつくり、維持しようとする動きは、広がっているように見える（『小さな自然再生』研究会の取り組み」参照）。人びとのなかに、近代の「便利な暮らし」のなかで失われてきた「自然の環（わ）」「人の環」を再生したいという願いがあるのではなかろうか。

思えば、近代という時代のなかで、私たちは「壊れなさ」を追求してきた。中央集権的な政府が確立して以降、特に戦後の高度経済成長期以降に全国各地で多数造られた堰堤や護岸などの構造物は、「壊れなさ」が追求されている。そこには技術の進歩とともに、社会の在りようの変化が投影しているように思う。

『技術にも自治がある』で大熊孝さんは、「近代化」について「国家そして企業と個人を、それらの間の束縛となるような地縁・血縁の中間的組織を排除してストレートに結び付け、もしくは契約を介在させて、国家と企業の命令だけが人間を自由に動かし得る制度を、換言すれば市場経済制度を確立することであった」と看破している。[*5]

そのようななかで、土木技術には「可能なかぎり自然と人間の結び付きを弱めること、自然の束縛から人間を解放すること」が要請され、「自然の変動を、最小限の時間・労役で抑え込むことに成功し、自然の恵みを効率的に引き出し、われわれに便利で快適な生活を過ごさせることを可能にした」と大熊さんは同書で述べている。[*6]

だが一方で、近代の土木技術はいくつもの問題点をもたらした。ダムなどによって自然の物質循環を遮断し、生態系を破壊した。さらに自然の小さな変動は抑え込めても、大洪水や大地震のような大変動までは抑え込めず、大変動への人間社会の対応力を低下させた。そして、施設の大規模化によって維持管理が高度、高額になり、日常的な管理の手が地域住民から離れて「地域の特性に根ざした地域の技術体系を壊し、それを担う人々の存在を消滅させた」のである。[*7]

自然のなかに人が造る構造物は「壊そう」とする力を絶え間なく受ける。土木技術の力が今ほど圧倒的ではなかった近世以前の治水において、人間はその力をうまく受け流したり、利用したりしながら、常に関心をはらってこまめに補修しつつ構造物を維持してきたことを、大熊さんは同書をはじめとする著書で伝えてきた。住民や地域共同体による「小技術」「中技術」が主体であり、地域の自然風土に即した工法や維持管理の手法が採られ、「技術の自治」と呼べるものがあった。序章で述べたような地域間の利害対立の調整などのために「見試し」（第1章、第3章参照）という方法も採られてきた。

しかし、法の下で「平等」が追求されるようになった近代において、そのように近世以前の地域共同体が担っていた調整機能や「技術を駆使する力」は弱まり、住民は公共事業による自然の制御の恩恵を等しく受ける「受動的な存在」としての色彩を強めた。住民は構造物の維持管理の負担を免れ、地域に縛り付けられずに移住する自由を獲得したが、一方で自然への関心、自然の変化を見極める力を失っていったのである。

行政依存が強まるとともに、日本社会のなかで長い歴史をもってきた地域共同体の水害に備える力は著しく弱まり、「洪水との付き合い方」を忘れて水害に脆弱な住民ばかりになってしまったと、環境社会学者の嘉田由紀子さん（前滋賀県知事、現参議院議員）は編著『流域治水がひらく川と人との関係』などで指摘してきた。[*8]

住民から見て「維持管理フリー」であることを前提にした川づくりは、川をコンクリートで固めて容易には「壊れない」構造とし、水を堤防の外へ「あふれさせないこと」が前提だった。「制御すべき河川水量をあらかじめ決めて施設設計をたてる『定量治水』[*9]」を基本方針として、「水を速く流すこと」が優先され、戦後の高度成長期、生命への配慮を欠いた治水事業が全国で推し進められた。大規模なダムや堰の建設、流路の改変には「自然保護」の観点から大きな反対運動が起き、それは一部の事業を止めるなど社会に大きな影響を与えたが、第3章で岩瀬晴夫さんも語ったように、社会全体でそのエネルギーを維持するのは容易ではなかった。それは地域共同体のような「中間的組織」の弱体化と、「水とのかかわり」を失ったことによって自然への関心の薄れが広がっていたことに起因するように思う。戦後、治水の費用は公費負担となり、住民は「国や県から治水工事をもってくる政権与党に投票するだけで、自分たちの安全が担保できるようになった[*10]」のだった。

「壊れない」ではなくて

岩瀬晴夫さんは、水に関心をもつ私たち北海道内の有志で活動していたグループ「人と水研究会」の会報で、「壊れないこと」について次のように述べている[*11]。

壊れないモノはコンクリート製のような剛で硬い構造物となり、それは手づくりや補修が難しい構造です。そのようなモノは地域の人にとって、親しみや愛着を持つことなく、気持ちが遠ざかる気がしてなりません。でも高度経済成長以来、公共物を役所のモノと割り切り、手間のかからないモノを求めてきたのも地域の人たちだったはずです。その結果、共同(協働)に付随していた地域の繋がりが希薄になった、と私はみています

手づくり魚道のような「水辺の小さな自然再生」は、そうした「壊れなさ」の追求とは正反対のものだ。岩瀬さんは続ける。

手づくりの川づくりは自然な姿をめざすことになります。自然の川は常に壊れ続け、変化しながら安定しているのが常態です。換言すると生きものと同じように、川は動的平衡状態（常に変化しながらバランスしている状態）があたりまえの姿です。このように考えると、手づくり魚道を出来るだけ自然に近いものにするには、壊れながら機能する魚道をめざすことになります

壊れながら機能する。なんと奥深いことを技術者、いや技能者は言うものかと私は感銘を受けた。単に「壊れる」のではなく、壊れながらも安定する。そこに自然の妙がある。強い力で自然を制御する近代の技術が確立される以前の生き方とは、この「壊れながら安定する」という自然の本質に沿う暮らし方を見つけていくことだったように思う。

変容した社会のなかで、「壊れながら機能する」ものを維持するのは容易ではない。壊れたらどうするのか。ちゃんと管理できるのか。効果の検証は――。現代の住民が負うには重すぎる「荷物」かもしれない。だが、「壊れながら機能する」手づくり魚道は、地域社会のつながりを深めてコミュニティを「壊れにくく」するように思うのだ。

それを、新たな時代の地域共同体の「仕事」と位置付けることはできないだろうか。

山里の暮らしを通して「労働」の意味を見つめてきた哲学者の内山節さんが、「仕事」と「稼ぎ」の違いを説いている。1993年に北海道苫小牧市で行なった講演「森と川の哲学」

のなかで、次のように述べていた。2021年にこの講演録を再刊する作業に加わった私は、内山さんが他の著書でも語っているこの言葉に改めて強く惹きつけられた。*12

「仕事」は、村で暮らしていく人間たち、それは自然とともに暮らす人間でもありますけれども、その人間たちが当然のようにおこなわなければならない仕事、それが、彼らにとって「仕事」、それに対して「稼ぎ」は、本当はしなくていいんだけれども、やはり「稼がなければならないからなあ」、というのが「稼ぎ」であります

畑をつくり、木を伐って薪炭とし、草を刈って牛馬の餌や堆肥とし、森で山菜を採り、川で魚を釣って食材とする。村らしい「労働の体系」を「仕事」と呼び、金銭を稼ぐ「稼ぎの部分」を「稼ぎ」と呼ぶ。「仕事」は、自然とともに歩んできた村人の時間の世界、すなわち季節の巡りに即して営みが繰り返される「円環の時間」のなかで行なわれる労働であり、「稼ぎ」とは過ぎ去れば戻ることのない「直線的な時間」のなかで行なわれる労働である、とも内山さんは言っている。

そのような「仕事」は、近代化のなかで失われてきた。共同体が弱体化し、自然と人間のかかわりが薄らぎ、もっぱら金銭を支払って生活に必要な物資を贖(あがな)う生活が都市のみならず地方にも広がるなかで、私たちは「稼ぎ」ばかりを考えて生きるようになった。

そんな社会のなかで、自然の摂理に即していかざるをえない「手づくりの川づくり」は、私

たちが見失ってきた「仕事」というものを、私たちに再認識させるものであるように思える。第1章で河原淳さんが述べたように、「壊れるもの」は私たちをそこへ引き寄せる。絶え間なく注意を向けることを求めてくる。そうして維持されるもの、つまり川に生き物が増え、人の姿が増え、人と自然、人と人のかかわりが再生されていくこと。それが地域にとって必要だという認識が共有されたとき、壊れながらも機能する「手づくりの川づくり」は、地域にとって「当然のように行なわなければならない仕事」であると位置付けられることになる。

壊れにくい川づくり

「円環する時間」のなかで、そのような「仕事」をとおして生命あふれる空間を取り戻し、人とのかかわりをも再生し、その空間に「履歴」を重ねていく。それこそが「水辺の小さな自然再生」の意味であるように私は思う。

手間のかかる「荷物」をあえて背負おうという人びとのために、決してマニュアルどおりにはいかない自然に対する技術、地域の自然環境や住民集団の状況を見定めながら構造物をデザインする技術をもつ岩瀬晴夫さんのような人の存在は欠かせない。先の「人と水研究会」の会報での岩瀬さんの言葉をまた引用しよう。[*13]

地域の自然や地域の繋がりの道具として、協働による壊れにくい手づくりモノは有効だと考えています。その場合、めんどうですが、ときどきの手入れが必須です。かつ、壊れたときの後処理が楽にできる構造が求められているのでしょう。そこは私の役割なので、今後も三郎川のように、失敗を繰り返しながら、壊れにくい川づくりを探っていくつもりです

第3章で岩瀬さんが語っていたように、この「失敗」は「見試し」のプロセスの一つである。そのようにして試みと検証を重ねながら、岩瀬さんは「壊れにくい川づくり」の在り方を探っている。「壊れない」ではなく、簡単に壊れて維持管理に手間のかかるものでもなく、地域集団での維持管理が可能な「壊れにくい」構造を探求しているのだという。地域の空間の再生、環境の再生に思いを抱く人びととの「協働」によって。

岩瀬さんが長年試みてきた「多自然川づくり」を提唱した関正和さんは、著書『大地の川』で、戦後の川づくりをこう振り返っている。[*14]

人々は、川をたんなる空き地としてしか認識せず、川に存在する必然性のないさまざまな施設を無遠慮に川に持ちこみ続けたために、都市近郊の川を中心として、川は本来の川らしさを失っていったのである。効率的な洪水処理を追求した河川改修もまた、しばしば川から川らしさを失わせる原因となった。よく批判の矢面に立たされる大型のコンクリート水路のような河道整備は、全国各地で水害が頻発し、一日も早く抜本的な治水対策をおこなうことが求められたために、きわめて限られた予算で数多くの

河川を、短時日のうちに効率よく改修する必要にせまられた結果であった。また同時に、経済効率一本やりの社会風潮は、川を邪魔物、不要なものと考え、河川改修にあたって、洪水対策に必要な最小限の土地しか提供してこなかったのも事実である（128頁）

自然災害が多発して限られた予算と時間内で治水対策を進めねばならなかったにしても、経済合理性ばかりを追い求める社会の流れのなかで、治水や利水ばかりが優先されて「社会全体が川に背を向けてきた」と関さんが指摘した戦後の半世紀、川は川らしくあることを許されずに「受難の時代」を送っていた。だが、それを省みた関さんら建設省（当時）の職員が欧州の川づくりや日本の伝統的な治水技術に学びながら、「川らしい川」を目指して「多自然川づくり」（当初は「多自然型川づくり」と呼称）を打ち出して全国に通達し、広げてきた1990年以降、川づくりの方向性は確かに変わっていったのだろう。*15 岩瀬晴夫さんら、川づくりにかかわってきた人たちは、その変化はきわめて衝撃的で、ドラスティックで、また手探りでしか進めないようなものであったのだと振り返る。

しかし、河川環境をめぐる問題を取材し、魚類の研究者らと淡水魚の保護をテーマにシンポジウムを開き、また釣りやカヌーなどをとおして北海道の川を見てきた私の目には、社会全般としてそこまで大きな変化が川づくりに生じたとは映らなかった。戦後の高度経済成長期に「整備」された「水路」としか思えないようなコンクリート護岸と落差工だらけの川が、身近な空間に依然として無数にあった。人の暮らしの近くには、国や都道府県が管理し、河川法の対象となる大きな川だけでなく、法の対象には含まれない市町村管理の小さな普通河川が多くある。そこでは治水事業だけではなく農業関連事業や治山事業でも改修が行なわれていた。私が北海道で見てきたかぎりにおいて、それら住民に身近な中小河川まで「多自然川づくり」の通達の効果は及んでいなかった。

そんな状況のなかから自然発生的に生まれてきた、住民の手になる「水辺の小さな自然再生」は、関正和さんらが目指した「多自然川づくり」に魂を吹き込むものではなかろうか。手探りで進む「多自然川づくり」を行政のみに任せてしまうのではなく、主体的に住民がかかわり、行政や企業と協働しながら、「見試し」を通じて、望ましい「川らしい川」を取り戻そうとする。そのような動きをとおして、「多自然川づくり基本指針」に掲げる「河川全体の自然の営みを視野に入れ、地域の暮らしや歴史・文化との調和にも配慮し、河川が本来有している生物の生息・生育・繁殖環境及び多様な河川景観を保全・創出」することが身近な川においても可能になると、住民が実感できるのではないかと思う。

「小さな自然再生」研究会の和田彰さんは、それを「公共事業の補完」と位置付けた（178頁参照）。私が思うに、公共事業による川づくりを是認したうえで補完するのではなく、異論をも投げかけながらローカルな風土に根差した新たな技術の可能性を示し、公共事業による川づくりを軌道修正させるほどのインパクトをもちうるものであろうと思う。川づくりの在り方が変わるということは、川に接する流域の社会も変わることが前提になる。関さんが言うような「川に背を向けた社会」では、今までどおりの「維持管理フリー」の川づくりしかありえないからだ。

そのような社会の在り方の転換は、私たちの暮らしに変容を強いる。暮らし方を変えることはきわめて難しいことだが、地球規模での気候変動のなかで多発し、激越化する洪水などの自然災害は、その変容を私たちに迫っている。これまでの「定量治水」で定める計画規模を超えた「超過洪水」が、たびたび甚大な被害をもたらしているのである。「川から水をあふれさせない」ことを前提に、ダムなどのハードの強化でそれに対処することは、実効性の面でも、財政的な持続可能性の面でも、困難に直面している。

流域治水と「小さな自然再生」

国土交通省は2020年、気候変動を踏まえた新たな水害対策の在り方として「流域治水」への転換を打ち出し、翌2021年には流域治水の実効性を確保するための関連法の改正案が国会で成立した。

流域治水について解説する同省のホームページによれば、時間雨量50㎜を超す短時間強雨が、1976～1985年には年平均174回だったのが、2010～2019年には年平均251回と1・4倍に増加し、氾濫危険水位を超えた河川も増加傾向にある。気候変動などによる豪雨の増加で、治水安全度は相対的に低下している恐れがあるとして、同省は治水計画を「過去の実績に基づく計画」から、「気候変動による降雨量の増加などを考慮した計画」に見直す、として、流域治水を推進することを掲げている。

ホームページによると流域治水とはこのようなものだ。[*16]

流域治水とは、気候変動の影響による水災害の激甚化・頻発化等を踏まえ、堤防の整備、ダムの建設・再生などの対策をより一層加速するとともに、集水域（雨水が河川に流入する地域）から氾濫域（河川等の氾濫により浸水が想定される地域）にわたる流域に関わるあらゆる関係者が協働して水災害対策を行う考え方です

よりわかりやすく言えば、「ダムや堤防で河川の中に洪水を閉じ込める『河川閉じ込め型』洪水対策から、溢れることを許容し、水を集めてくる『集水域』や、人びとが暮らす場所である『氾濫域』までふくめて洪水が広がることを許容したうえで、行政だけでなく事業者や住民もふくめたあらゆる人たちがかかわる対策[*17]」である。

具体的には、大河川では水位を下げる効果が期待できる利水ダムの事前放流（降雨の前に放流して一時的に水害対策のための容量を確保しておく）、河道の掘削やダムの建設などを進め、中小河川では水田やため池などへの水の貯留、調整地の整備、水害リスクの高い土地の利用規制や宅地のかさ上げ、さらには本流との合流点の排水機場の整備などを進める——といった施策になる。これまでのように「水を速く流す」を重視するのではなく、流域に「ためる」「とどめる」「そなえる」ことでピーク流量を減らし、水害を軽減しようというのだ。

国交省はこれまでも都市部において調整池の整備などにより流出量を抑える「総合治水」

を講じてきたが、それでは及ばなくなったということだ。「流域全体で総合的かつ多層的な対策」（国交省ホームページ）として、輪中堤の整備や建物の耐水化など「まちづくりや暮らし方の工夫」、そして浸水リスクの高い地域の開発規制、居住者の移転促進など、「私権の制限」に当たるような施策まで踏み込まざるをえない、ということなのである。

それだけ事態は切迫しているのだが、この一大転換を、はたして住民が受け入れるか。流域治水の成否は、そこにかかっている。前述のように地域共同体のような中間的組織が弱体化し、「自然とのかかわり」を失ってきた現代社会の住民たちに、流域治水の思想が理解、受容されるかが問題なのだ。国に先行するかたちで流域治水基本方針を2012年に制定した滋賀県では、2014年に流域治水推進条例を施行するに際して、この私権制限が県議会で大きな議論となったという。滋賀県庁で河川・流域政策にかかわった滋賀県立大学の瀧健太郎さんは、「流域治水と小さな自然再生」と題する論考で、こうした経過にふれ、次のように書いている。[*18]

流域治水に転換したからと言って、河川管理者から流域・氾濫域（都市・森林・農地など）に暮らす人びとや管理者に対し、「治水の一端を担って欲しい」とか、ましてや「氾濫することを前提としてもらいたい」と要請するのは困難を極める

関正和さんの言う「川に背を向けた社会」が続くかぎり、流域治水への理解を得ることは難しい。けれども、「水辺の小さな自然再生」のような取り組みを通して、人びとが身近な中小

河川や水路に目を向け、水とかかわることの楽しさと苦しさを知り、自然と折り合う技術を発展させながら、自然の「恵み」と「災厄」の双方を受容する姿勢がわずかずつでも再生されていくとしたらどうだろう。そのような「体験知」に基づいた理解が、流域治水の考え方を社会に浸透させるカギになるのではないだろうか。

滋賀県知事を務め、流域治水基本方針や流域治水推進条例の制定を主導した嘉田由紀子さんは、『流域治水がひらく川と人との関係』で、ダムなど施設による対応にとどまらず、水を流域・氾濫域に「ためる」「とどめる」「そなえる」ための多種多様な施策を講じる滋賀県の流域治水が、計画規模の洪水を前提とする「定量治水」とは根本的に異なり、幅広い社会的合意と多様な手段によって「いかなる洪水からも住民の命を守り、生活再建が困難となる激甚被害を最小化しようとする住民主体の政策」であることを説いている。[*19]

そのように激甚化する水害は、私たちに「川に背を向けた社会」からの変容を迫っている。第3章で岩瀬晴夫さんが語ったように、異常気象への対応は、自助も共助もなしに、公助だけではやっていけない。私たちが戦後の社会のなかで、日本の伝統的な環境思想を受け入れる下地を捨ててしまったにしても、気候変動という危機のなかで、そこへ目を向けざるをえない状況に来ていると思うのである。「水辺の小さな自然再生」は、環境危機のなかで私たちが生きる未来をひらくための手がかりとなるのではないだろうか。

その道のりは平たんではないだろう。前述した瀧健太郎さんは先の論考で、滋賀県では議会や関係機関、流域住民から流域治水への協力の理解を得るために県が河川整備の予算を増額して徹底的に治水に取り組んだ結果、「多自然川づくり」が意識されなくなり、「小さな自然再生」とともに封印されてしまった、と述べている。河川管理者が、所管する治水対策をやり切ったうえで協力を呼びかけることになるからだ。「多自然川づくり」や「小さな自然再生」にとって流域治水は諸刃の剣かもしれないと、瀧さんは言うのだ。[*20]

それでも最終的に、流域治水の思想が社会に受容され、定着していくには、水や川に対する人びとの意識が変わっていくことが欠かせないだろう。「小さな自然再生」のような取り組みを通して、「体験知」を得た人が少しずつでも増えていくこと。そこに希望を見出したい。

生きる場の風景の取り戻しを求めて

恐れと畏れ

この章の締めくくりにあたって、序章と同じように哲学者桑子敏雄さんの思想から考えたい。東日本大震災の後に刊行した『生命と風景の哲学―「空間の履歴」から読み解く』で、桑子さんは福島県での東京電力福島第一原発事故について、日本の神話に見られる伝統思想のなかにあった「人間の力を超える存在に対する畏怖という形で、どんな災害にも備え、対応する心」をめぐり、近代日本の科学技術が「西洋化という形での近代化・合理化の精神によって、疫病神という邪神を日本人の精神構造から排除していった（中略）わたしたちは、荒ぶる神と遭遇することに対する『恐れ―畏れ』を文明の視野から追い出した」との見方を示している。[*21]

「恐れ―畏れ」を視野のなかに入れることとは、自然現象がもたらす「恩恵」だけでなく、「邪神」をもそこに見ることである。序章で引用した大熊孝さんの言葉のように、自然のなかに「普段助けてくれる神」＝恵みと、「時々災難をもたらす荒ぶる神」＝災厄の双方を見ながら「矛盾した状況を受け入れる」という伝統的な日本の自然観である。福島第一原発事故の際、「巨大津波は想定外だった」としばしば語られたが、そこでは自然現象の予測不能性への「恐れ―畏れ」を排除し、想定以上の現象が襲ってきたときへの備えを何らしないという思想が露呈していたのだった。

桑子さんは「問題は、科学者・技術者や政策・行政担当者がこの程度の地震と津波であれば大丈夫と考えており、その程度を超える規模の地震や津波はあり得ないと想定していたとしても、どこまでの事態であれば対応でき、どれほどの事態になると対応できないという想定をしていたかどうかということ」とし、「3・11との遭遇が暴露したのは、科学的であった言説が誤りであることが明らかになったときに安全神話と想定外という言説をつくりだそうとする科学技術的精神の真実であった」と述べている。[*22]

そのような思想的に索漠とした真実が明らかになるなかで、震災からの「復旧復興」は進められ、近代的な技術力によって改変された新たな風景が立ち上がってきた。問われるのは、その空間の改変のなかに、前述のような「恐れ―畏れ」を排除した「科学技術的精神」への反省が生かされているか、ということだろう。

東北太平洋岸に延々と建造された巨大な防潮堤は、水や風を介した海と陸のつながりを分断し、生物の生息が難しい膨大な空間を水際に生み出した。その防潮堤をもってしても防ぎきれない1000年に1度の新たな大津波から生命を守るには、住民が協力しあっての迅速かつ可能なかぎりの避難行動が欠かせないのだが、城郭のような防潮堤に囲まれて暮らす人びとは、自然現象への「恐れ—畏れ」を常に心におき、自然現象をよく見つめながら、最大限の避難を追求する姿勢を保ちうるだろうか。

生命息づく場

自然とはいかなるものであるか。その理解は、生命にあふれた空間で自然を間近に感じる体験を通してしか育まれないものであるように、自然と人が織りなしてきた風景によって塑造された私は思う。

桑子さんは同書のなかで、忘れられない河川での体験として、北海道の留萌川（るもいがわ）に立ったときのことを回想している。洪水の後、治水対策で護岸工事が施された場所だったが、コンクリート三面張り護岸への反省から、「親水性」の護岸にしようと、階段状の護岸となっていた。そこに、生命の気配は感じられなかった。

「この空間には、風景というものは存在せず、河川再編を担当した行政やコンサルタントのコンセプトしか存在しないことであった。河川空間を生命の息づく空間として捉える視線がそこには欠落していた」「川に生息している魚や昆虫、河床に生える藻、水辺の植物、飛んでくる野鳥など、命あるものは、その存在を完全に排除されている。ただ、人間だけの治水、人間だけの親水である」と、桑子さんは書いている。[*23]

生命をもたぬ、あるいは生命を殺してしまう「コンセプト」。それは、水辺において相互にかかわり、つながっている多様な生命への深い理解なしに「作成」されたものであったのだろう。そのような川の相貌には、私も幾度も出あったことがある。

序章で述べたように、桑子さんは風景を「ひとりひとりの人間の置かれた位置、つまり身体が位置するところで知覚された空間の姿」ととらえている。[*24] 空間に配置された人間が、あらゆる感覚で知覚する空間の姿が風景であると。留萌川のその場所には、そのようにしてとらえられる風景がなかったのだ。

それとは大きく異なる生命にあふれた風景が、20世紀前半の日本にはあったと、桑子さんは自らの記憶を振り返りながら言う。自身が育った1950〜1960年代の関東平野には、カラスガイやバラタナゴ、ハグロトンボなど多くの命が息づく清冽な川水が流れ、一面の葦原にヨシキリの声が飛び交っていた（彼もまた風景によって塑造された人間であったのかもしれない）。高度経済成長とその後のバブル経済がもたらした「風景の変貌と喪失の時代」を経て、それら失われてしまった風景はもはや永遠に存在しえないかもしれない、一人ひとりの記憶のなかにおぼろげにとどまるのみである、と。

そのような風景を取り戻すことは、彼の言うように不可能なのだろうか。

「水辺の小さな自然再生」に、私は希望を託したい。

ほんの小さな一歩であっても、たとえば美幌町の駒生川に魚道を手づくりした橋本光三さんのように、周りの住民を動かし、河川管理者を動かし、住民と自然とのかかわりを変えていき、やがて行政機関による川づくりの方向性が変わっていったとき、桑子さんが『生命と風景の哲学』で言う「治水、利水の『水』のなかに（中略）『生命の水』という意味を込める[*25]」ことが少しはできるようになるかもしれない。

桑子さんは『生命と風景の哲学』でこうも書いている。

風景の危機は、人間自身の危機、人間存在そのものの危機であると、わたしは考えている。風景の崩壊は、人間自身の崩壊の予兆である。この予兆を感じとり、風景のもつ意味を問い直し、風景をつくってきた行為を反省し、方法を考え直すこと、そのことは、人間の自己自身の進む方向性を感じとり、自己の意味を問い直し、自己のあり方を作り直す方法を問うことでもある（84頁）

「小さな自然再生」は、この人間の危機を乗り越えるための「作り直し」の一歩にならないだろうかと私は思う。

かかわりのなかで

先に紹介した哲学者内山節さんが北海道苫小牧市で行なった講演「森と川の哲学」に、このような一節がある。[*26]

生きているということを、私は関係という視点からとらえていきたいと考えています。私が生きているということは、現に私がいろんな関係を維持しているからだと思っている。私はこの関係のなかで生きている。同じように、自然が生きているのは、自然と他の自然が関係しあえているからだと思うのです。また人間とも自然は関係しあっている。関係しあっているからこそ、彼らは生きている

内山さんはこれに続けて、物ごと一つひとつに「本質」と言われるような「固有の実体」や「固有の価値」があり、「関係」を切り離しても、それぞれに「価値実体」があると考えるヨーロッパの哲学に疑問を投げかけている。その固有の実体や価値を探りだしていくものとしての「理性」が人間にあると考えてきたのは大きな欠陥がある、それでは「関係する世界」がなくても、すべてのものは固有のものとして存在しているという考え方が導き出されてしまう、と問題提起するのである。

複雑な物事を個別の要素に分解し、それぞれの「固有の実体」を理解すれば全体の性質や振る舞いを理解できるという近代の「要素還元主義」への批判である。そのように個別の要素以外を「見ないこと」にして切り捨ててしまうことは便利で効率的だが、その結果、さまざまなものを私たちは失ってきた。前項で桑子敏雄さんが指摘したように、「治水」「利水」といった人間側の都合のみを見て、鳥も魚も虫も植物の存在も十分考慮せずに進めた川づくりのように。

要素還元主義では、生命や自然という、複雑に絡み合う存在をとらえきれないのだ。にもかかわらず、そのような風潮の広がりによって、私たちの周りには人や自然との「かかわり」の希薄な寒々とした風景が広がっていった。私たちはそれに慣れ、それを加速させてもきた。

人の営為とのかかわりをもちながら自然が形成されてきた日本の風土に立脚した「関係しあうなかに、すべてのものが存在している」という内山さんの考え方に、私は強く共鳴する。私も加わった川に魚道をつくる作業は、地域の人と自然とにかかわることであった。人の環（わ）を結びながら、自然の環を結ぶこと。そのかかわりのなかに、生きるということの本質があるように私には思えた。近代のなかで切り離されてきたその環を、つなぎなおすことの大切さを感じたのだった。

「人間とも自然は関係しあっている」。奇しくもそれは、第1章の最後で紹介した浜中町の若き酪農家、掛水慎悟さんが語った言葉と符合する。「自然とは人の行為の影響を受けて、変わっていくものだとも思う」と私のインタビューに対して話した掛水さんは、幼いころから水や自然にふれながら、直観でそれを理解したのだ。そして、人が自然とかかわりながら生きていくために、自然の力の大きさを知ること、自然に対する人の行為がどこまでなら許されるのか、探ってゆくことの大切さをも彼は感じたのだ。

その直感には、掛水さんの父親を含めて浜中町の酪農家らがつくった三郎川魚道の周辺で、彼が小学生時代に受けた体験学習が投影していたのかもしれない。川に息づく小さな命が若者になにがしかの啓示を与えていたとしたら、魚道を手づくりした人びとにとって、とてもうれしいことだろう。

注

＊1 復興釜石新聞2012年4月14日「足音　桜は咲くだろうか」
＊2 復興釜石新聞2012年4月28日「足音　桜を復興のシンボルに」
＊3 石井光太『遺体　震災、津波の果てに』（新潮社、2011年）
＊4 北海道新聞2021年3月11日「東日本大震災10年＊被災地　細る担い手＊東北3県沿岸部　人口減、全国の3・5倍」
＊5 大熊孝『ローカルな思想を創る❶　技術にも自治がある　治水技術の伝統と近代』（農山漁村文化協会、2004年）81—82頁
＊6 同前82頁
＊7 同前83頁
＊8 嘉田由紀子編著『流域治水がひらく川と人との関係』（農文協、2021年）
＊9 嘉田由紀子『「流域治水」の歴史的背景、滋賀県の経験と日本全体での実装化にむけて』（前掲『流域治水がひらく川と人との関係』所収）172頁
＊10 同前158頁
＊11 「なにゆえ、いかにして彼らは魚道を作ったのか。ひとみずツアーリポート『手づくり魚道』北海道浜中町・美幌町」（人と水研究会、2014年）https://hitomizu.jimdofree.com/web%E4%BC%9A%E5%A0%B1-%E4%BA%BA%E3%81%A8%E6%B0%B4/
＊12 内山節講演録＠苫小牧市民会館『森と川の哲学』（内山節講演録編集委員会、紙の街の小さな新聞社ひ

らく、２０２１年）59頁

＊13　前掲「なにゆえ、いかにして彼らは魚道を作ったのか。ひとみずツアーリポート『手づくり魚道』北海道浜中町・美幌町」

＊14　関正和『大地の川―甦れ、日本のふるさとの川』（草思社、１９９４年）

＊15　第１章注９参照

＊16　国土交通省ホームページhttps://www.mlit.go.jp/river/kasen/suisin/pdf/01_kangaekata.pdf

＊17　前掲『流域治水がひらく川と人との関係』２頁

＊18　瀧健太郎「流域治水と小さな自然再生」（『RIVERFRONT　人と川のふれあいを求めて　２０２１ Vol.93』、公益財団法人リバーフロント研究所、２０２１年）11―14頁

＊19　前掲嘉田由紀子『「流域治水」の歴史的背景、滋賀県の経験と日本全体での実装化にむけて』172頁

＊20　前掲瀧健太郎「流域治水と小さな自然再生」

＊21　桑子敏雄『生命と風景の哲学―「空間の履歴」から読み解く』（岩波書店、２０１３年）40頁

＊22　同前17―19頁

＊23　同前71―72頁

＊24　桑子敏雄『環境の哲学―日本の思想を現代に活かす』（１９９９年、講談社学術文庫）５頁

＊25　前掲『生命と風景の哲学』74頁

＊26　前掲『森と川の哲学』38頁

終わりにかえて

海に生きる人に、凪を

命名の色紙に

1997年4月、桜の季節に娘が生まれ、私は「凪(なぎ)」と名付けた。

産後の手伝いに釜石から私や家族の住む北海道へ来た母は、命名の色紙に、「凪」の文字に添えて、「海に生きる人の明日に、凪を」と筆で書いてくれた。何度か書き直し、ようやく満足のいった一枚を、母は私たちに渡してくれたのだった。

それはその前年、釜石港湾口防波堤の礎石のプレートに、父が刻み込んだメッセージとほぼ同じ言葉だった。

海に生きる人に、凪を。

釜石の海深く眠るそのメッセージの存在を、私は当時、知らなかった。でもなぜか、「凪」の文字が心をとらえ、生まれる前から娘の名にと決めていた。人生の道のりのなかで、嵐の合間にも、穏やかな凪の時が訪れるように、と願って。

命名の色紙の言葉を礎石のメッセージにならって書いたのか、娘が3歳の時に世を去った母に聞くすべもない。津波で家を失った後、釜石市平田地区の復興に力を注ぎ、闘病のすえ2023年10月に他界した父も、定かには覚えていなかった。ただ、「凪」の文字を選んだことを、父母は嬉しく思ったのだろう。自分たちの思いが通じたように感じたかもしれない。

当時、私はその言葉の意味を十分に理解してはいなかった。慌ただしく仕事に追われる日々にあって、父母が三陸の海に生きる人たちを思う心、彼らとともに凪を願う心を、十分にわかろうとしてはいなかった。

海に生きる人に、凪を。

東日本大震災を経て、その言葉が胸に迫る。

故郷の平田を訪れるたび、2000年11月に母が65歳で亡くなる直前、入院先から一時帰宅を許された秋の日を思い出す。小春日和の午後、やわらかな日差しに誘われて、海辺にあった実家から、母を短い散歩に連れだした。

母の車椅子を代わる代わる家族で押して、家の前の防潮堤に沿って歩いた。やがて防潮堤が尽きるあたりで視界が開けて、切り立った岬の突端に立つ大観音像と平田湾、そして漁船が肩を並べる平田漁港が一望できる。病で言葉を失いかけていた母は、穏やかに凪ぐ秋の海を、ただただ優しい笑みを浮かべて見つめていた。

命の火が、消えようとしていたあの時。嫁いで以来、何十年も見続けてきた三陸の海を、どんな思いで見つめていたのか。あの地で長く家族と暮らし、母は海が穏やかに凪ぐときも、荒れて浜の人たちの命を奪うことすらあることも、よくわかっていただろう。

津波に襲われ、惨憺たる状況になった三陸の地に母が生きていたら、何と言っただろうか。

私はこう思うのだ。

「大丈夫、凪はまた来るよ」

凪の日も、荒れ狂う日もあることを覚悟しながら海と生きていく。時には困難に突き当たり、それでも多くの人と支え合いながら前に進もうとする人びとに、凪の時は必ず訪れるだろう、と。

新たな備えを

震災からようやく立ち直ってきた三陸は今、新たな津波への備えを求められて揺れている。日本海溝・千島海溝や東北地方太平洋沖を震源とする巨大地震による新たな大津波の被害想定が、住民の予想をはるかに超えて大きいのだ。

岩手県が2022年3月に発表した巨大津波による浸水想定では、釜石港湾口防波堤や防潮堤が破壊されるなど最悪の場合、釜石市には最大波高19・5mの津波が襲来する。平田地区でも波高は11・6mに達し、海辺の下平田は一部の高台を残してほぼ浸水してしまう。東日本大震災の後、湾口防波堤を再建して、防潮堤や宅地をかさ上げしたにもかかわらず、だ。釜石市役所の新庁舎は追加のかさ上げが必要になり、完成が1年遅れた。市内各地で避難場所の見直しをも余儀なくされた。[*1]

同年9月に県が公表した被害想定では、想定する最大（マグニチュード9）クラスの3類型の地震のうち、岩手県沖から北海道南部を震源域とする日本海溝型地震で、釜石市では全壊棟数3700～3800戸／死者90～300人、千島列島～北海道沖を震源域とする千島海溝型地震では全壊棟数600～890戸／死者10～40人、東北太平洋沖型地震（東日本大震災型）では全壊棟数6200～6300戸／死者570～990人と、いずれも凄まじい数値だ。岩手県全体での死者は日本海溝型で最大7100人、千島海溝型で最大1800人、東北太平洋沖型で最大4200人に及ぶと想定されている。*2 東日本大震災で死者・行方不明者は6253人（2023年8月現在、関連死含む）だった。*3

この規模の巨大津波から住民の命を守るには、地域の地形や自然の動きを知り、自然が必ずしも人間の予測のとおりには動かないことを頭に置いて、声をかけ合い、助け合いながら、最大限の避難行動をとることが欠かせない。岩手県も早期避難を徹底すれば犠牲者は8割以上減らせるとして、早期避難が生死を分けることを指摘している。その実践には、要支援者の把握や支援者の設定、避難経路の点検と訓練など、地域での継続的な取り組みが必要になる。それはまさしく「公助」だけでなく「自助」「共助」が必要とされる領域だ。

けれども、平田町内会長の佐藤雅彦さん（1954年生まれ）は悩ましげだ。

「予想をはるかに超えた大津波を経験したのに、住民は気象庁の予報で出た情報のとおりにしか動かなくなってしまったように思う。自然に勝てないのはわかっていても、ここまで防災施設が整備されて、安心感があるんだ。情報は信じるな、とにかく逃げろ、と昔は言っていたんだが」

整えられた堅牢な施設が、再び「安全・安心」の城壁のなかに住民を囲ってしまいかねないのだ。災害への備えの難しさはそこにある。震災後、平田地区の住民は仮設住宅や親類宅などに散り散りになり、自宅の現地再建をあきらめた人もいて、地域共同体は急激な変容を余儀なくされた。新築された災害公営住宅（126戸）や新たな宅地へ地区外から転居してきた住民も少なくなく、相互のつながりが薄れるなかで新たな津波にどのように対応すべきか、住民たちは思い悩んでいる。

佐藤さんら平田町内会の役員たちは、休止していた自主防災組織を再結成して、次なる津波への備えに取り組もうとしている。浸水想定を周知することに加えて、自分たちで地区内を実際に歩いて地形や避難路を確かめ、危険個所を見つけ、防災マップに落とし込むといった作業も必要になるだろう。そんな時も、あるいは災害時の避難や避難所の運営にも、住民同士が日常的に声をかけ合えるような関係の再生が大切になる。

そのためにも、祭りをまた開きたい、という声が町内会役員のなかにはあるのだという。震災前は町内会が3年に1度、「館山神社例大祭」を開いていたが、震災後は2013年に「平田地域復興祭」、翌2014年に「館山神社例大祭」を1度開いたきりだ。神輿を担ぐ人も、芸能を披露する人も、震災前より減ってしまった。2020年には虎舞や神楽などの郷土芸能を披露する催しを開いたが、本格的な祭りとなれば、より大きな熱意と努力が必要になるだろう。

東日本大震災の2年後に釜石市平田地区で開かれた「平田地域復興祭」。虎舞や神楽といった郷土芸能が披露され、背後にそびえる板木山が見下ろす空間のなかで住民たちが「履歴」を重ねた＝2013年5月

履歴を刻む

2013年の「復興祭」の場には私もいた。朱色や青色の装束をまとった子どもたちが舞う平田神楽の「御神楽の舞」。大物のタイを釣り上げて喜ぶ浜の人をユーモラスに描く「鯛釣り舞」。「平田の虎舞は跳ね虎舞、一杯飲まねば気が済まぬ」と、威勢のいい合いの手が入る「虎舞」。各地からの支援を受けて、津波で流された装束や道具を新調し、稽古に励んできた神楽や虎舞の保存会の人びとは、にぎやかなお囃子に顔をほころばせていた。

それは、震災から2年を経て仮設住宅などに引きこもり気味だった住民たちが表へ出て顔を合わせ、心を寄せ合い、復興支援への感謝を表わす場であった。かつて幼い私に神楽を教えてくれた神楽保存会の会長、前川力雄さんは、津波で夫人を亡くしたが、神楽の再開に情熱を注ぎ、この日、舞台を下りて笑顔を見せてくれた。

「地域の皆さんに喜んでもらうのが一番だな。また盛らせてえ（盛んにしたい）な」[*4]。

そのように人とのかかわりを再生しながら、自然災害に備えて地域と向き合うプロセスは、「大技術」による激変を経た空間に、住民たちが新たな履歴を刻むことにほかならない。再び祭りを開く力が、高齢化著しい地域に十分残っているか、現時点で見通すのは難しい。それでも、履歴を重ね続けようと試み続けてこそ、人びとは自らが暮らす空間に愛着を抱き、助け合いながら災害に備えることができるように思う。

災害列島と呼ばれるこの島々で、それは災害被災地にかぎらず、あらゆる地域に暮らす人びとに求められることであるだろう。それぞれが生きる空間において、自然とかかわりながら地域の人びととともに履歴を重ねる。津波対策にしても、洪水や土砂への対策にしても、自然の変化を注意深く見つめ、その変化にすみやかに対処していくことが基本になる。

そうして生きてゆく人びとの明日に、きっと「凪」は訪れるのだろうと思う。

魚道づくりのような「小さな自然再生」のための共同作業もまた、「空間の履歴」を重ねる小さなステップだ。どれだけの広がりや継続性をもつか未知数ではある。だが、そのような試みに挑む人びとの「環（わ）」は少しずつ広がり、互いに励ましあいながら取り組みを重ねている。それはやがて治水や津波対策などの公共事業の在り方や、地域社会の在り方に大きな変化をもたらす一歩になるかもしれない。

この本の終わりに、『生命と風景の哲学』から、桑子敏雄さんの言葉を引こう。

人生は選択と遭遇の連続である。何を選択するかは、選択する人の自由である。その選択がもたらす人との出会い、出来事との出会いが、その人の人生を切り開く。出会いが新たな選択肢を用意し、その選択が別の遭遇を可能にする。遭遇への予感が選択を促すこともある（244頁）

＊　＊　＊

本書は2008年に浜中町で「三郎川手づくり魚道」を設置して以降に書き溜めてきた論考や、東日本大震災の後で新聞や雑誌などに書いた記事やコラムをベースに、新たに美幌町や釧路地方での手づくり魚道の取り組みを取材し、また岩瀬晴夫さんをはじめ「水辺の小さな自然再生」に取り組む人たちに長時間のインタビューを行なって構成した。

私にとっては初めての単著であり、新聞記事を書き続けて30年ちかい経験があっても、一冊の本全体を「貫くもの」を考えながら構成を組み立てる作業は容易ではなかった。

苦労していた私に方向性を示してくれたのは、尊敬する河川工学者の大熊孝さんを介して知り合った農文協プロダクションの田口均さんであった。

東日本大震災の被災地と、三郎川をはじめ「水辺の小さな自然再生」の現場。それら二つの現場から、人が人や自然とかかわりながら、空間の履歴を重ねることの意味を浮き彫りにしてみよう。自然とかかわる技術の在りようや、人と自然、人と人のかかわりの在り方について、考える材料を提供するものになるだろう、と。度重なる田口さんの助言と励ましなしに、私は前に進むことができなかった。

企画の意図が十分に達成されたか、はなはだ自信がない。ただ、浜中町の三郎川で一緒に作業して以来、技術とはなにか、自然に対する技術はどうあるべきなのか、多くの啓示を私に与え続けてくれている岩瀬晴夫さんの言葉は、私が理解する以上に豊かな含意をもち、読者の皆さんに多くの示唆を伝えるものと思う。

そして、一文の得にもならない手づくり魚道を設置して維持し続ける浜中町や美幌町の農家や住民たち、釧路自然保護協会の人びとの魚や自然環境への思い、激変した空間に新たな履歴を刻み、次なる津波に備えようと苦心している三陸の人びとの切実な思いが、広く知られることを願うばかりである。

末尾になるが、取材や写真提供に協力いただいた岩手県釜石市や北海道浜中町、美幌町、釧路地方の皆さん、釧路湿原自然再生協議会や関係機関・団体の方々、自然とかかわる技術の在り方について本質に迫る話を語って下さった北海道大学の中村太士さんや（公財）リバーフロント研究所の和田彰さんに、感謝を申し上げたい。

とりわけ、三郎川魚道をめぐって苦楽をともにした二瓶昭さん、小椋守さん、河原淳さん、駒生川と釧路川の手づくり魚道への熱い思いを語ってくれた町田善康さん、野本和宏さん、故郷・釜石の風景の再生へ一緒に桜を植えた「釜石に桜を植える会」の芝崎惠應さんに深くお礼申し上げたい。

そして三陸の自然のなかで私を育て、「凪を」の言葉を贈ってくれた亡き父母、また長年苦楽をともにし、新聞社を早期退職後にかねての念願であった本書の取材・執筆に打ち込ませてくれた妻寿美子と、颯、凪の二人の子どもたちに心から感謝して筆を置きたい。

２０２３年11月11日

中川大介

注

＊１　岩手県ホームページ掲載「最大クラスの津波浸水想定について」
https://www.pref.iwate.jp/kendozukuri/kasensabou/kaigan/1038410/1053312/index.html

＊２　岩手県ホームページ掲載「岩手県地震・津波被害想定調査報告書」
https://www.pref.iwate.jp/kurashikankyou/anzenanshin/bosai/jishintsunami/1059428.html

＊３　いわて防災情報ポータル掲載「平成23年東日本大震災・津波の対応状況など」
https://www2.pref.iwate.jp/~bousai/shiryo/kako_saigai/h23shinsai/index.html

＊４　北海道新聞２０１３年６月１日朝刊「東奔北走　祭り　復興に重ね『また盛らせてえ』」

三郎川手づくり魚道前にて

中川大介◎なかがわだいすけ

1963年岩手県釜石市生まれ。1986年北海道大学文学部卒業。1992年北海道新聞社入社。記者として本社社会部・報道本部、千歳支局、函館支社報道部、厚岸支局、東北臨時支局などで勤務。1次産業や環境保全、自然災害などを取材するかたわら、趣味の渓流釣りやカヌーを通じて河川環境の現状に危機感を抱き、「人と水のかかわり」に関心をもって研究者や技術者、ジャーナリストらとともに「北海道淡水魚保護ネットワーク」「人と水研究会」といったグループで活動。共編著に『サケ学大全』（北海道大学出版会、2013年）。2022年退社。現在はライター・編集者として函館市で「編集工房かぜまち舎」を主宰。NPO法人えんの森（北海道浜中町）、NPO法人はこだて街なかプロジェクト（函館市）に加わる。

水辺の小さな自然再生

人と自然の環を取り戻す

二〇二三年十二月五日　第一刷発行

著者　中川大介

発行　一般社団法人 農山漁村文化協会
〒三三五－〇〇二二　埼玉県戸田市上戸田二丁目二－二
電話　〇四八－二三三－九三五一（営業）
〇四八－二三三－九三七六（編集）
ファックス　〇四八－二九九－二八一二
振替　〇〇一二〇－三－一四四四七八
https://www.ruralnet.or.jp/

印刷・製本　TOPPAN（株）

ISBN978-4-540-22202-3　〈検印廃止〉

編集・制作――株式会社農文協プロダクション
ブックデザイン――堀渕伸治◎tee graphics